我们与生俱来的

自愈力

Self-healing power

欧阳茜茜◎著

文匯出版社

图书在版编目 (CIP) 数据

我们与生俱来的自愈力 / 欧阳茜茜著． — 上海：
文汇出版社，2017.8
ISBN 978-7-5496-2258-0

Ⅰ．①我… Ⅱ．①欧… Ⅲ．①成功心理 - 通俗读物
Ⅳ．① B848.4-49

中国版本图书馆 CIP 数据核字 (2017) 第 183351 号

我们与生俱来的自愈力

著　　者 / 欧阳茜茜
责任编辑 / 戴　铮
装帧设计 / 天之赋设计室

出版发行 / **文匯**出版社
　　　　　 上海市威海路 755 号
　　　　　 （邮政编码：200041）
经　　销 / 全国新华书店
印　　制 / 河北浩润印刷有限公司
版　　次 / 2017 年 9 月第 1 版
印　　次 / 2022 年 7 月第 2 次印刷
开　　本 / 710×1000　1/16
字　　数 / 153 千字
印　　张 / 15

书　　号 / ISBN 978-7-5496-2258-0
定　　价 / 45.00 元

序：并不是所有人都具备天生的修复力

20 岁的时候，我年少轻狂，恨不得大声告诉全世界：我来了！

但也是在那一年，我遭遇了人生的第一次低谷，茫然四顾，不知去向。尝试，失败；再尝试，再失败。我开始犹豫不前，怀疑自己，甚至怀疑人生。

那段时间，我晚上根本不敢睡，害怕时间在睡眠中白白流失，更害怕第二天醒来依然一如从前。那段时间，我开始写日记——不为深度剖析人生，只是单纯地记录生活。当时，我的日记里很少记有特别高兴的事情，清一色都是让我想不通的迷茫、纠结、难过、痛苦之事。

我在心里告诉自己：这些痛苦的时刻，这些纠结的状态，这些艰难到有些不堪的生活，通通都要把它们记录下来。以后，我的每一次跳跃，每一次迎风奔跑，每一次深夜舞蹈，都是为了不再经历类似的痛苦。

不得不承认，并不是所有人都具备天生的修复力，但往往是那些愿意珍惜痛苦时光的人，会在后来的日子里更加清晰地认识到，人要为自己而活。

我们都渴望成长，渴望站在最闪耀的舞台上，渴望岁月静好。

但这一切就像蛹羽化成蝶一样，美好的背后是将皮肤一块块儿撕裂的疼。

我的这本书记录了一些人的生活点滴，这些人可以是你，是我，是他。他们用真实的故事，用温暖的语言告诉你——面对疼痛，我们更应该坚强。

身边总有长辈告诉我，说学习是一辈子的事。我总是片面地将其理解成：人需要不断地学习新知识。后来，我慢慢地意识到，他们所强调的学习，是一种成长的能力，也是自我对伤口的修复力。

年轻的时候，我以为人生就是艳阳，青春尚好的我们在阳光下舞蹈就足够美好。后来我发现，生活不会永远让你享受灿烂的阳光，有时也会在你头上浇一桶水，让你体验一下被淋成落汤鸡的无奈滋味。于是，你开始羡慕别人能够轻松、愉快地活着。

可是，即使生活如雨，你也要撑着伞原谅它。人的一生中，会遇到很多不顺利的事和不顺心的人，你无法逃避，只能面对。

你要选择原谅生活，即使它给你带来了疼痛。但正是这些疼痛，让你学会了珍惜，学会了坚强，变得成熟，然后你会知道，有疼痛感的人生才珍贵。

所以，珍惜那些让你疼痛的时光吧。总有一天，那些疼痛结下的疤都会变成你的铠甲！

欧阳蕾蕾

2017年8月19日

目 录
Contents

◎ **辑3　自我情绪管理：来自陌生人的体谅，总是很煽情**

◎ **辑4　控制欲望膨胀：别妄想站在他人的肩膀上实现梦想**

◎ 辑 5　自卑与超越：我想超越这平凡的奢望

◎ 辑 6　疗愈失衡身心：有疼痛感的人生才珍贵

改变消极思维：
坦然的人生不需要解释

· ·

　　我依然梦想着能被全世界瞩目，梦想着能被更多的人铭记。但是，现在我已经懂得接受，接受有人在舞台上舞蹈，就有人在台下鼓掌的事实——每一个角色看似平凡，却都拥有不可替代的价值。

1. 自己的人生，与别人何干

我越来越在乎别人的眼光，怕不合群，怕被非议。我的生活似乎已经被别人左右：像是活在一个透明的玻璃罩里，努力舞蹈，只是为了让别人赞叹一句"很好"！

如果你敢承认的话，就会发现这样的心理现象：年轻的时候，你总是很介意周围的人，尤其是你的同龄人过得怎么样，对不对？

某种程度上讲，有些人的"幸福感"就是通过别人对自己的评价来实现和确定的。当然，痛苦可能也源于此。

我们总是活在别人的世界里，用别人的眼光挑剔着自己的生活，似乎已经很久没有听一听自己内心的声音了。

27 岁的时候，我正处于人生低谷。

独身一人漂在这座陌生的城市，常常加班到深夜，胡乱休息四五个小时后，再匆忙挤两个多小时的地铁到单位上班。

微薄的工资到手后，扣去水电费、燃气费等各种生活开销，所剩无几。于是，我不敢生病，不敢回老家，不敢参加任何高消费的活动。还有，超市里的蔬菜一定买隔夜促销的，咖啡一定买廉价罐装的，水果也选打折架上的。

爸妈一周给我打三个电话，每次都是：邻居家的谁买了车，谁买了房，谁结婚生子了……结尾一定是：回家吧。

我的人生，在他们眼里是大写的失败。也许只有回到小城，找一份安稳的工作，嫁一个不讨厌的人，就此安稳地过一生才是他们口中所谓的成功。

就是在这时候，乔安以一种强势姿态空降到单位，成了我们的市场部经理。乔安 31 岁，穿一身名牌职业装，挎一个全球限量版的小包，她精致的妆容毫不掩藏自己凌厉的眼神。部门里的同事都不喜欢她，私下里叫她"女魔头"，并对她敬而远之。

工作之余，大家最大的乐趣就是围在一起讨论乔安昨天穿的哪个品牌的衣服，今天喷的哪款香水，并猜测明天她会不会戴上什么更经典的首饰……甚至，有人恶意揣测：一个 30 多岁的独身女人，在如此奢华的打扮背后是不是隐藏着什么潜规则。

我抵触在人背后议论纷纷，却不敢争执一二——我害怕被这个群体孤立，也没有更多的精力去探寻真相。直至某周末，我需要找乔安审核一份报表，去到了她的家里。

那是繁华市中心的一个高档小区。乔安的房间不大，却装饰得很精致、唯美——阳台上的花架，书房的陈列柜，桌子上的手磨咖啡机……一切迹象表明，这是我想要的生活。

乔安坐在高脚椅上，端着一杯咖啡翻阅报表，一副岁月静好的模样。准备离开的时候，我终于问了自己疑惑的问题："为什么我这么努力，却还是过不上自己想要的生活？"

乔安淡淡地看了我一眼，说："不是你活不成理想的模样，只是你太在乎别人的眼光，不敢过你想要的生活。"

我竟被这么简单的一句话堵得哑口无言，不得不承认，她是对的。

5岁的时候，我可以为捕捉一只蝴蝶跑到一公里外的田野；10岁的时候，我可以为吃一根冰棍跑遍大街小巷的商店；22岁的时候，我可以为喜欢的一个人离开家乡，来到完全陌生的城市。

但是，27岁的我可以只为了别人眼中的正常生活，做自己不喜欢的事情，浪费光阴，并且打算随便找一个人结婚和他过一辈子。

我越来越在乎别人的眼光，怕不合群，怕被非议。我的生活似乎已经被别人左右：像是活在一个透明的玻璃罩里，努力舞蹈，只是为了让别人赞叹一句"很好"！

但是，乔安的人生和我不一样。

在这座城市里，你经常埋怨一个人挤公交，一个人购物，一个人吃饭，一个人宅在家里。我却觉得，这些并没有什么——找一个人一起吃饭、一起看电影、一起旅行固然很开心，但如果舍弃了和那些自己不喜欢的人在一起吃饭、瞎聊的时间，而换来能够更大限度地发挥自我价值的时间，寻找生活的意义，这更令我欢欣、愉悦。

乔安说："我知道你们在背后议论我，但那又如何，我的人生从来与别人无关！"

夜深人静的时候，我经过反思明白了，为什么乔安可以活得那么漂亮——她在这座城市扎稳了脚跟，只因为做了这两件事：

1.她深刻剖析自己，了解自己真正想要的是什么。

2.她遵循本心，要在最好的时光里做最好的自己。

看看我：工作中，我怕不合群，于是不敢拒绝同事塞给我的额外工作；生活中，我怕被孤立，于是不敢拒绝别人的过分要求。

哪怕把用来帮助他们的这些时间，用在我原本计划用来考级、考驾照、学习舞蹈上，我也会迅速提升自己。但我怕骤然改变后，有人会在背后议论纷纷。于是，不管内心多么渴望改变，我依然在按部就班地生活。

接下来，我终于学会了拒绝。

我拒绝了那些不重要的聚会，拒绝了那些浪费自己时间的帮忙，拒绝了一开始就明知道不合适的相亲。

我开了早就想开的网店。我开始重拾画笔，学了早就想学的手办（收藏性人物模型），甚至在手办课上认识了我的男朋友。我发觉，自己曾经觉得灰淡的人生重新有了亮色。

乔安要调回总部的那天，我第一次抱着她哭了。我调侃道："你这一走，把我好不容易找回来的人生信仰又带走了。"

乔安笑道："你的信仰一直在你的心里。多问问自己'你真正想要的是什么'，不要过多地在乎别人的目光。这是你的生活，谁也没资格对你指手画脚，只有你自己才能选择过什么样的生活。"

后来，我在这座城市有了自己的家，再不必去买因为快腐烂而打折的蔬菜，再也不必为了省下一块钱的交通费而步行几里路去上班，再也不会因为不知如何拒绝别人的不合理要求而苦恼……

回顾年轻时候的自己，我开始明白，原来这样的姑娘才更让人欣赏：有独立的想法；有独特的人格魅力；懂得拒绝别人。这样的姑娘也许外表柔情似水，笑起来眉眼弯弯，但骨子里透着倔强和韧性。尤其是懂得拒绝别人的姑娘，一定更受人尊敬和喜爱。

其实，懂得拒绝别人不仅是拒绝别人的要求，更是拒绝别人对你所谓的善意指点。有时候，那些善意反而会成为你生活的枷锁。

这些姑娘基本上会让自己活得不那么矫情、做作，而是活得洒脱、自然。充实自己，让自己变得更好——在时光中不断打磨自己，她们会距离自己的内心更近，而距离别人的目光更远。

是的，她们只取悦自己。

一次偶然的机会，我遇见了老朋友任娜。

印象中，任娜一直是家长口中"别人家的孩子"——相貌好，成绩好，嫁得好。可是，我见到她的时候，她穿着宽大的睡衣和邋遢的拖鞋，满脸泪水。她怀里的孩子吮吸着手指，还时不时拉扯她无比凌乱的头发，撕扯她宽大的衣领。

在咖啡厅里，任娜泪眼婆娑的跟我讲述了她的一切变化：

她不爱她的老公，可是所有人都说他们很合适，于是她就和他结婚了。

她本有一份不错的工作，可是所有人都说女人还是要以家庭为重，于是她辞职了。

她和丈夫本来相敬如宾，可是所有人都告诉她，男人经不住诱惑，于是她的婚姻充斥了怀疑和争吵……最终，在所有人的劝告声中，她带着未满周岁的孩子离婚了。

那一刻我感叹道：多么幸运啊，我的生命中曾经遇见了乔安。

我也终于明白如何距离别人远一点，距离自己近一点：

1.不必在意别人怎么看你，怎么说你——不必为了迎合别人，苦了自己。我们要学会不为外界所扰，不为名利所动，不为烦恼所累。

2. 不过将就的人生。成功的姑娘，大多是因为不愿随便将就世俗，不愿在他人的指手画脚中过完自己的一生。

3. 对时光温柔，学会拥抱自己。都说会哭的孩子有奶吃，会作的姑娘有人疼。但是，越来越多的姑娘开始独立了，而且不作——她们不是不会而是不愿作，她们更喜欢靠自己去解决一切问题。

她们对时光温柔，学会了拥抱自己，于是幸福也拥抱了她们。他人之言，对的，听之，谢之！不对的，当作耳旁风，不必介意！走自己路的，珍惜每一步，追求自己有限的人生目标，永远无怨无悔！

这是最好的时光，你是最好的自己。走自己的路，看自己的风景，要知道，自己的人生与旁人从来不相干！

2. 年轻就是你还能当一个快乐的疯子或傻子

每一个认真的人都值得被尊敬，每一次认真的冒险都值得被赞扬。

闺密问我："我已经很老了吗？"

我说："你青春永驻！"

"可我为什么总感觉来不及？"

"你害怕来不及不是因为韶华已逝，而是因为你已经不能再做一个快乐的疯子或傻子了。"

我们感叹来不及，也许是因为我们再也不敢在一件明知道不可能的事情上耗费大量时间。那些看起来很蠢却也很纯真的事情，我们再也不好意思去做——面对选择和诱惑，我们会越来越慎重。

其实，我们只是遗憾：自己再也不能做一个快乐的疯子或傻子了。

同事家的闺女今年读大四，学的是国际经济学，不着急找工作的事，整天宅在家里玩游戏。家人托关系帮她在熟人的公司找了份实习工作，她也不愿去。

我到她家的时候，她正跟家人闹脾气。看到我后，她马上抱着我诉苦："他们根本就不懂我。其实我不是懒，不是不想去工作，只是害怕——完全陌生的环境，陌生的工作，陌生的一切，我都害怕面对。"

低头看着在我怀里撒娇的她，我竟不知道该如何苛责。

小姑娘的能力其实一直不错，学习成绩老是名列前茅，生活打理得井井有条，才艺方面更是突出，获得了琵琶八级证书……但是，她却从不敢做任何一件没把握的事：话不敢多半句，行不敢多半步，偶尔与其聊天，她也是一副小心翼翼的样子。

同事也很烦心，偷偷跟我抱怨，说自己家的姑娘一点年轻人的朝气也没有，遇事总是习惯性地逃避：学习如此，生活如此，甚至感情也是如此。

大一的时候，小姑娘暗恋班上的一位男生。因为不确定对方是否喜欢自己，于是她迟迟不敢表白，甚至不敢和男生多说一句话，上课不敢与他坐在一起，甚至走在路上和他偶遇都如一头受惊的小鹿躲起来。

大二的时候，这个男生和别的姑娘谈恋爱了，小姑娘一个人躲在家里哭得肝肠寸断。可悲的是，对方甚至并不知道小姑娘曾经对他怀着一腔真情。

我们肯定也遇见过这样的事，比如总有人会指着舞台上正在唱歌的某人，嘲笑她的歌声还不如他的动听，舞姿还没他的优美，搞笑不如他会逗哏……但你让他去做某件事的时候，他总是一脸恐慌，各种拒绝，最后还会丢出一句"我害怕"来逃避一切。

"我害怕"这三个字，有些人会在特定的场合说出，仿佛只要说出这三个字，那么，他们逃避一切的行为就都可以解释了——因为害怕丢脸，所以从来不敢冒险去尝试一把；因为害怕被拒绝，遇见喜欢的人不敢表白；因为害怕失败，遇见难得的机会不敢争取。

总之，"我害怕"这三个字背后隐藏的信息是：我害怕丢脸，我害怕被拒绝，我害怕失败。

甚至，有的小姑娘还会一脸正气地劝解我："姐姐，既然注定要失败，那么还是一开始就不要努力好。平平稳稳不是也很舒服吗，免得折腾到最后还要承担不必要的痛苦。"

每当这个时候，我总会反问一句："你还年轻，为什么害怕这么多未知的事情？那么多要做的事情，如果不去尝试一把，怎么能确定哪些事可以做，哪些事永远不会成功呢？"

年轻，就是你还能当一个快乐的疯子——面对失败，可以潇洒地挥一挥手，说至少我曾经尝试过。

每一个认真的人都值得被尊敬，每一次认真的冒险都值得被赞扬，因为只要你认真付出了，怎么会有人嘲笑你。

我和一家公司的 HR 聊天时，他说公司刚刚上市。

谈及他的公司与众不同之处，他深以为豪。他说，他的公司成功的秘诀在于有一个优秀的团队，而这个团队最难能可贵的是，拥有 70% 的 90 后。

我大为不解。印象中，大部分企业都喜欢成熟而有资历的员工，甚至每逢招聘，人事部门提的要求一栏里，必然得是有三年以上工作经验的。

是啊，大家都恨不得直接招聘一只老鸟上岗，而懒得去培养一只所谓的菜鸟。

这位 HR 隐秘一笑，说道："不，我更喜欢年轻人。而我的团队能够快速地成长，很大原因也是因为他们是年轻人。"

年轻人朝气蓬勃，他们身上的冒险精神，恰好是那些混迹职场多年老鸟最欠缺的品质——因为年轻，所以敢于冒险；因为年轻，所以敢执着于做一些常人眼中的"傻事"；因为年轻，所以从来都敢去尝试，哪怕明知自己正在做的是一件注定要失败的事。

很多时候，年轻人明知道一件事注定要失败却还要不断地做下去，不是因为他笨，他傻，而是因为他对这件事有执着的信念，有为梦想而疯狂的勇气。

你告诉我这件事会失败也只是你曾经的经验，而我去尝试还有一半成功的机遇。如果失败了，那么我会深刻铭记教训，但这丝毫不妨碍我将来的成功。

上学的时候，校门口有一个煎饼铺子，铺子很小，5平方米左右。老板是一位二十岁出头的姑娘，说话软软糯糯，笑起来脸颊上会现出两个小酒窝。

她做的煎饼很脆，味道香甜可口，我和同学课余时间总爱去买。去的次数多了，我发现老板总是捧着一个厚厚的本子，时不时往上面记几笔。好奇之下，我不禁询问她。

她才告诉我，她在写诗。她说，她最大的愿望就是将自己的诗读给全国观众听。说这话的时候，她的脸上闪过一丝羞涩，眼神却依然坚定。

周围店铺的老板总是对她的行为不屑一顾，甚至认为她在哗众取宠。但是，她从来没想过放弃。

多年以后，我在央视频道一档节目里看到了她。她已然成了当地的明星诗人，开了一家书店，闲暇时光依然写诗。她终于实现了梦想，将自己的诗读给了全国的观众听。

记得她曾经说："我还年轻，如果这件事我现在放弃了，那么我永远都不会成功。但如果我坚持下去，或许我最终还是能实现自己的愿望。"现在想来，生活的确没有辜负她，她也将生活酿成了诗。

我们明明还年轻，为什么却老气横秋，经常感叹生活不如意？这只是因为，我们害怕得不到，害怕失去，害怕丢脸，于是搬着传统文化坐而论道，谈所谓的中庸哲学。

小时候，也许我们都曾经听过父母经常挂在嘴边类似这样的话：没有谁能够一生平顺，你不要过分劳累，但总得给成功一点实验的机会。

我爱吃鱼，但当时因为家境不富裕，吃鱼的机会很少。于是，每次遇见餐桌上有鱼，我总是狼吞虎咽，所以经常被鱼刺卡住喉咙，呛得很狼狈。

奶奶和蔼地笑了，拍着我的背说："饭要一口一口吃，事要一点一点做。"

结果总会成功，但要给它一点时间。有时候，我们知道有些事注定不会成功，可依然要咬着牙坚持下去。我们所渴盼的，不过是让自己变得更加强大，然后，有一天可以笑着讲述那些曾让自己哭的瞬间。

如果不乘着年轻去搏一把，待时光老去，你再也没有资本用时间来做一些事情的时候，会不会真的后悔？也有一些年轻人会问："我不怕失败，也不怕丢脸，可我需要怎么做才能成功？"

很简单，问问你自己是否勇敢。然后，看看你是否具备以下几点品质：

1. 多给自己一些肯定，永远不要怕冒险。只要你还愿意为自己努力，世界就愿意给你一些惊喜。

2. 充实自己，别人自然就会"看见"你。只有准备好了，机会才能帮上你的忙。

3. "亲爱的，别失望，一切都会有的。有梦想陪伴，心就不会孤单。"要常常这样提醒自己。

年轻，就是做事不会直接问结果，敢于为一件事疯狂，为一件事执着，为一件事不顾一切地冒险。

当年华消逝，我们青春时代的所有疯狂最终都会烙印在灵魂之上。当有一天，我们老了，回顾岁月，粲然一笑，就会感谢年轻时的勇气和执着，并笑着对当年的自己说一句："你好"！

3. 有一种感觉叫舍我其谁

有些时候，英雄并不需要拥有魁梧的身材、矫捷的身手，需要的也许只是一种坚强的信念和一份坚定的责任感。

我们每个人从一出生起，就在这条名为生命的路上走着、跑着，但心中总会有疑问："我是谁？我能做什么？"

当我们一身狼狈地站在风雨中，也会有人问："你是谁？"

当我们怀抱鲜花，光艳动人地站在镁光灯下微笑，又会被问："你到底是谁？"

这个命题由来已久，能回答出的人却寥寥无几。

"我就是神，神也是人，能够掌握自己命运的就是神！"当《英雄本色》里的小马哥咬着烟，漫不经心地回答了这个问题时，似乎就注定了他一生的命运。

但并不是每个人都能解释这个问题。

还没下班的时候，严一打来电话约我下班后一起去喝酒。

严一年少有为，是当地有名的青年企业家。他上大学的时候，他家的家族企业遭遇了前所未有的危机。他爸爸当时急火攻心，中风倒地，从此再没好起来。是严一以一己之力，通过全面革新后才让整个企业重焕活力。

一次，我在做节目的时候认识了严一，不由对他心生敬佩。聊起当年的危机，他意味深长地一笑，说："如果当时不是责任在肩，无法逃避，我可能不会有所作为，然后拥有现在的一切。"

我大为不解。严一却漫不经心地讲了一段故事：

"说来可笑，13岁那年，我因为不满父母管教离家出走了，揣着几百元的压岁钱，我匆匆忙忙上了一辆开往深圳的火车。在十几个小时的颠簸中，我曾设想了千百种方式来大展宏图。

"但是，一切想法都在我下了火车后破灭了。孤身一人站在深圳火车站，茫然四顾，我不知去向。最后，一切都烟消云散了。"

很快，严一被警察送回家中。被爸妈搂进怀里的那一刻，他才知道自己多么任性，自己肩上竟扛着很大的责任。也就是在那一刻，他突然长大了。

其实，每个人从出生那一刻开始就扛着一份责任——童年时，责任是好好吃饭，健康成长；少年时，责任是好好学习，积累知识；成年后，责任是遵纪守法，守护家庭。还有更温情的内容，比如孝敬父母、真诚待友。

再后来，严一上了大学。但这时，他家的公司却因资金周转不灵、管理不善深陷危境。每次回家，严一总是看见父亲坐在书房内，心事重重，眉头深锁。严一曾劝他，说不行就放弃吧。严父却摇摇头，说企业不仅属于他，更属于全部职工——他有责任照顾好职工的生活。

奈何父亲身受中风影响，行动不便，不能承受过多的劳累。于是，正在上大学的严一当仁不让地肩负起了几百人企业的饮食起居问题。

当时，严一的压力特别大，整个人呈现一种虚脱状态：失眠、厌食、神经衰弱……各种问题蜂拥而至。他的脾气日益暴躁，坏情绪无边蔓延，稍有不慎就可能像蛇一样喷射出黏稠的毒液。在他要放弃的时候，严父只对他说了一句话："男人的肩膀不是为了穿衣的，而是为了承担责任。"

生活中，我们在尚未意识到自己的能力有多强大时，就如同一条生活在鱼缸内的金鱼，每天只知道吐泡泡。曾经，我们自认为无所不能，憧憬着盛大的"绽放"——当自己有机会面对这样宏大、激烈的场面时，一定会展现出大侠风范。

但实际上，困难永远摆在面前，这是我们之前没有想到的。并且，我们还没有做过任何一件宏伟之事，就已经在小事上栽了跟头——那些曾经想闯荡江湖，做一番大事的雄心壮志，一下子就萎靡不振了，生活回到了最基本的生存层面。

小区里的一个保安小赵，二十六七岁左右，身形修长，腰板直挺。中专毕业后，他离开家乡的小镇来北京打工。

小赵天生爱笑，见谁都是笑嘻嘻的模样。某天，有人看见小赵和一个穿着清新、举止优雅的姑娘站在一起说话，有八卦者直接问他："那是你的女朋友吗？"

小赵有些错愕，而后腼腆一笑："那是我妹妹。"似乎怕来人继续误会下去，他又着重强调一遍："亲妹妹！"

后来我们才知道，小赵的妹妹在北京一所著名大学读书，她学的是金融专业。她能外出求学，其中透着几分辛酸。当时，小赵家里比较穷，供妹妹读书这件事，父母实在无能为力，于是，只大妹妹三岁的小赵毅然担起了责任。

小赵曾同时做着四份兼职，他一路艰辛走来，只为供妹妹读书。前年，妹妹考上了北京某大学，小赵选择了辞职，然后陪妹妹一起来到首都。

闲暇时间里，小赵除了做保安，还兼职做模特。凭借自己良好的身材，他竟吸引了不少淘宝店主和他合作。在兼职做模特的过程中，小赵又学会了摄影、网店经营与管理等，他的每一天都过得忙碌而充实。

后来，我好久没有见过小赵。听别人说，他已经辞职了。

我从没想过，再次见到小赵竟是在朋友的婚礼上。作为一家知名婚庆公司的策划人，小赵出现在了舞台中央。

跟小赵一番热聊后，我才知道，他在辞了保安工作后，凭借摄影技能应聘到了这家婚庆公司，随后又因工作成绩突出而升职，现在做活动策划。

我赞赏小赵的努力，更敬佩他敢于不断尝试陌生行业的勇气。小赵淡然一笑，说："能怎么办？妹妹要读书，家里也需要开销，我只能快速成长，肩负责任。"他的语气云淡风轻，却十分大气。

工作中，在面对领导交代的任务时，有多少人第一时间并不是去思考如何效率最大化地完成工作，反而从一开始就在思考如何拒绝掉。

生活中，哪有那么多平平顺顺，要知道，最甜美的果子一定经历过风雨和阳光的考验，更何况是人——我们需要做的是，积极完成那份属于自己的责任与使命。

经历了从骄傲到低沉，再从低沉到满怀信念，我们终于找到了那个真实的自己——虽然没有什么辉煌的过往，但相信会熠熠生辉的人舍我其谁。

想看清这一切，我们必然会经历种种窘境：

1. 当一切以现实为基础，我们要面对的竟是最基本的生存。

2. 当虚构的泡沫不见了，信心和斗志也随之失去。但我发现，智力和潜能之所以可以超长发挥，往往是建立在信心和斗志上的。

3. 为了更快地走下去，我们主动磨平了棱角。

在社会这个大熔炉中，我们每个人都在为活下去苦苦挣扎。但大多时候，我们其实是在忍受痛苦：没有信仰的痛苦，或信仰崩溃的痛苦。

生活中没有碰到那么多英雄，基本上都是像我们一样平凡的人。我们如同荒漠中的旅人，只能在痛苦中不断地寻找水源。

要想成为自己的英雄，一定要具备这些素质：

1. 由正确的人生观和价值观导航的有不同种表现方式的一颗心，它可以让你不受干扰、不受诱惑，做正确的事。

2. 超强的责任感。你会不自觉地活到别人的期望中去，而且为此奋斗，披荆斩棘、受伤流血，在所不惜。

3. 坚定的信念和信心。永远多给自己一次机会，有时候，不放弃才是真正的勇敢。

其实，没有谁是天生的英雄，而每一位后来成为英雄的人，都要经历这样那样的磨砺与考验，更要面对他人的质疑与挑战。

有些时候，英雄并不需要拥有魁梧的身材、矫捷的身手，需要的也许只是一种坚强的信念和一份坚定的责任感。

我们带着挫败感和疑惑，跨越种种障碍，终于在现实中得到新的启蒙，明白自己的本心和使命：我只是我，我是自己的英雄，虽然并非天赋异禀，却在努力活成自己应该成为的样子。

4. 所有的坚持都是滚烫的

我们愿意为梦想而付出努力，但几年后，我们是否依然有坚持梦想的决心和勇气呢？生命中哪有什么洪荒之力，我们能做的只是咬着牙坚持。

上学的时候，老师给我们讲过一个故事：很久以前，有一只青蛙为了看看河对岸的风景，决定渡过河去。而河里遍布食肉鱼类等，为了不被吃掉，青蛙要进行生死抉择。

很多时候，优秀与平庸的区别就在于：优秀的人更能坚持。

我相信，很多人身上都有这样的励志故事，他们也都曾努力坚持过，而那种坚持的结果，自己回头看的时候往往都会感到震惊。

但更多的时候，我们的坚持却被很多紧急之事打断——因为惰性，或因为过程反反复复，对自己灰心、失望，再也没有信心去完成下一个愿望了。

同事家的姑娘申请出国留学，托福考试准备了三年，一次次收集资料，一次次熬夜看书，最后因为一分之差还是没过。

心灰意冷之下，姑娘决定放弃，那些试卷、备考书籍，全部被她丢进了垃圾回收站。然后她找了一份与英文毫不相干的工作，俨然一副心力交瘁、看透世事的模样。

所以，我只想问你，你坚持做的最久的一件事是什么？是减肥瘦身运动，还是读书、考证？

小时候，你以为穿上红舞鞋自然就能学会曼妙的舞蹈；上学时，你以为买了几本字帖就能练出一手好字；工作后，你以为多读几本沟通类的书籍就能在职场里风生水起；后来，你以为办一张健身卡就能拥有健康。

但最后留在书架上的只有沾满灰尘的图书，衣橱里挂着崭新的舞蹈服，客厅角落里还有很久无人问津的健身器械，被束之高阁的字帖和没用过几次的健身卡。

其实，很多人都会有这样的体会，包括你眼中那些非常"优秀"的人。

涨工资的速度赶不上通货膨胀的速度，工作很多年了，明明每天都很忙，处境和人生轨道还是没有什么明显的起色——除了越来越老，一切似乎都和几年前一样，一样的辛劳、烦躁、迷茫、困顿，爱情、事业、家庭都不怎么顺遂，奇迹和幸运也从来都没有突然发生在自己身上。对自己越来越不满意，想改进、克服，但不知道为什么每次重新出发总是半途而废。

在安逸而平静的环境里待久了，连跳出圈圈的勇气和力气都没有了。当年犹豫不决的事，如今再起念，感觉特别迷茫，没有方向——明知道对的路，却怎么也走不过去。

所以说，坚持梦想很难，但坚持一份坚持更难。其原因不外乎是：

1. 坚持是最枯燥的事，在日复一日的重复中，新鲜感淡去，激情被消磨，单调会一遍遍拷问坚持着的神经。

2. 坚持需要勇气，在一次次追求梦想的过程中失败，挫败感增强，会打击你对这件事坚持的决心。

3. 坚持有时会被有色眼镜所伤。太在乎别人的想法，我们容易被他人的观点左右，于是自我怀疑，自我否定，直至放弃。

4. 每一件需要坚持的事一定都不轻松，轻松的事从来不需要咬牙坚持。

5. 坚持是一种习惯，每一种新习惯都有适应期限，它的养成不是一蹴而就的，就像减肥会反弹一样，新习惯的养成也会经历一个过程。

王峰火了，因为一万棵白杨树火了。我去给他拍专题片的时候，他正蹲在一个树坑旁研究土质。

王峰的家乡很穷，土壤贫瘠，背山逆水。全村不足 300 户居民，年轻人大多外出打工，留下的都是妇女和老人。

王峰是村里第一个大学生，当年可是敲锣打鼓送出去的。村里人每次聚在一起，一定会感叹一句："王峰父母好福气！"

正当大家期待着更多的农家孩子跳出"农门"的时候，王峰却在村民的不解中回来了——拿着名牌大学的学位证书回来了。

"没出息！""懒惰！""能力不够，找不到工作！"……村民在背后窃窃私语，各种恶意的揣测像病毒一般在村子里扩散。甚至，连王峰的父母都不理解他，但面对他的执拗，他们只能选择支持。

王峰和村支部商量后，购买了 10 余种树苗，尝试绿化坡地建设。他走遍了山坡的每一寸土地，成了真正的"泥腿子"——培植土壤、种树，这事一做就是七年。

山坡变绿了，河水也变清澈了。王峰又带动村支部搞起了村民文化建设——他将老百姓干活时唱的号子，编为色彩斑斓、生活气息十足的舞台剧。大户人家接亲的场面，也被他复原为民俗表演——《打兰伞》。

昔日的小山村，摇身变成旅游景区。看着游客越来越多，王峰又组织村里的妇女做起了特色农产品：针织刺绣、印花蓝布、手工棉布衫、千层底老布鞋……那些村里人觉得最寻常不过的东西，一下子成了游客口中的特产。

一座座农家乐也建了起来，绿色生态农家饭吸引着越来越多的游客到访。经济带活了这个村子，它再次焕发了活力，也让很多外出打工的年轻人回来了。

我问王峰："做这件事有多难？"

王峰笑着说道："我决定做这件事是因为一次很偶然的机会。上学的时候，一次，宿舍舍友们讨论谁的家乡更美。听他们说，他们的家乡都是繁华的大都市，都有高新技术开发区。

"那次讨论中，我始终保持沉默。我的家乡，有的只是光秃秃的山坡、盐碱地下的苦水、坑坑洼洼的道路、春天的风沙、夏天的蚊蝇、秋天的枯叶，只有冬天虽然一片萧条，但反而最美。那一刻，我才知道自己想做的是什么。"

有梦想容易，坚持反而是最难的事情。

这七年时间里，王峰无数次想过放弃，他想丢下手中的铁镐，丢下绿园规划图，找一份安稳的工作，在舒适的环境中，在大众艳羡的目光中生活。但最终他还是选择坚持下来，连那些不理解他的目光也成了他坚持下去的动力。

王峰说："我最难过的一次经历，是别人指着我问：'哎，小峰呀，你是不是找不到工作呀？要不我和儿子说说，让他介绍你去建筑工地上班吧，一天也能挣不少钱呢。'他是好心，话语却依然刺痛了我。"

村里人把他当成了反面教材，借此扩散所谓的"读书无用论"。每次听到这些，王峰都会笑着解释自己为什么要回来的原因。

王峰说："最难的是坚持，但让我毅然把这件事做下去的也是坚持。我也曾想过去找一份高薪工作，然后挣够了钱就给家乡投资。可是我想，我的梦想如果自己都不敢去坚持，又怎么能强加给别人！"

其实，凡是没有人反对的梦想，大多是因为没有坚持的价值。而所有的坚持都是有意义的，我们要做的有以下几点：

1. 要永远相信梦想的力量。构筑梦想是很简单的一件事，但实践却很难，我们要为梦想而努力去做事。

2. 要勇于坚持。我们愿意为梦想而付出努力，但几年后，我们是否依然有坚持梦想的勇气和决心呢？

3. 将目标分解。对每一个大目标的拆分，就是对梦想阶梯化的想象和具体的实践。

4. 设置奖励机制。在"坚持"这条寂寞的路上，你得给自己的过关斩将设置各种奖励——再热血的英雄也有疲倦的时刻，总得让灵魂有一处休憩的地方，而休憩是为了下一次的整装待发。

5. 离开那些满身负能量的朋友。在生活中，你需要充满激情，抱怨解决不了任何问题——请远离那些整天唉声叹气的人，因为懒惰、悲观厌世这些负能量如同病毒，传染极快。远离病毒，别让自己的灵魂生病。

6. 做事可以"朝三暮四"一点。调整一下行动计划，时间、节奏都适当调整一下，可以更安全地度过逐梦中的倦怠期。有时候，换个方向是为了更快地到达终点。

7. 对自己多一点信心。梦想之所以被称为梦想，是因为它注定了不平凡。每一种伟大的梦想背后，都会有人们的不理解，但至少自己要给自己一点信心。

8. 走出安逸区。真正的成长，总是由汗水和努力造就的，而安逸只会使我们慢慢失去活力，再也没有坚持的力量。

生命中哪有什么洪荒之力，我们能做的只是咬着牙坚持。

没有攀越不了的高山，没有蹚不过的河水，没有看不到的风景，没有抵达不了的远方——不是因为我们不懂得疲惫，而是我们知道，所有的坚持都是滚烫的。

5. 坦然的人生不需要解释

解释远没有执行有效果，只有行动才能获得话语权。

好多人身边都有这样的朋友：他们遇到事情，尤其是犯了错误，会习惯性地跟旁人解释，而在找了千百个理由后最终不了了之。

犯了错误第一时间去抱怨别人、解释自己，你是这样的人吗？

人有喜怒哀乐，生活有悲欢离合，高潮低谷都会出现。自己的痛，没有人能体会；自己吃过的苦，也不会有人替你再尝一遍。

你不了解别人的过去，也没理由去评价他的现在；他不理解你的曾经，你也不需要跟他解释。

经历离别，总会再次重逢；身处低谷，还会再攀顶峰。我们在阳光下大笑，在风雨中奔跑，过自己的人生，不需要去跟别人解释。

夏九把电子版杂志封面发给上司，上司很快来电说："封面怎么能选这个模特呢？色彩、构图都不对，你应该……"

夏九按捺不住，急忙解释道："因为不了解这期杂志的主题，其他模特的档期也不合适……"她试图把自己为什么选择那张照片的原因解释清楚。

上司是个急脾气，还没等她说完，就已经挂了电话。

夏九随后气急败坏地坐到我的桌子前，一通抱怨。她抱怨领导强势、蛮横，不理解她，不听她解释……末了，又加上一句："再惹急了我，本姑奶奶还不伺候了，辞职不干了！"

我拿过夏九选的照片，很快就发现了问题所在。本期杂志商定的主题是"将温暖锁在瓶子里"。时逢夏末秋初，夏九选用的照片更多的是浓蓝、深红色彩，对比强烈，再加上模特冷若冰霜的酷脸，一种秋意萧瑟之感瞬间扑面而来。

我问夏九："这些照片能给你温暖的感觉吗？"

夏九支吾半天，翻来覆去地重复一句："之前的御用模特没有时间来拍照。这个模特最让人喜欢的地方，就是他的冷酷。"

我打电话给相熟的几个模特，几番周折总算约到一位，重新定妆拍摄。

午后阳光正好，模特穿一件白衬衫，坐在米色沙发上，手执一杯咖啡，一脸岁月静好的模样。夏九也一脸激动，站在一旁晃我的胳膊："周姐，就是这个感觉，太暖了！"

照片再次传给上司后，不出所料地通过了。我以为事情至此已经结束，却没想到还有后续——两周后的主题会议中，夏九再次因为准备资料的问题而遭到上司批评。

会上，夏九急着解释，说什么别的同事和她对接工作延迟了，导致她在会议前一个小时才拿到资料，所以来不及做更详细的审阅。还说什么最近工作烦琐，加班频繁，难免出现纰漏……理由一重接一重，领导终于挥手打断了夏九的话。

半个月后，夏九辞职了。离开的那天，夏九拍了一张工位照片发到朋友圈，配文说："我离开不是因为我不优秀，而是你不懂得欣赏我的优秀。"言语中，有独属于她这个年龄的骄傲。

但是，夏九找新工作找得并不顺利。在接连被几家杂志社拒绝后，她好不容易才进到一家工作室实习，却在一次封面选稿中因为客户不满意被要求修改，她言语激烈，固执己见，于是和领导闹掰了，不欢而散。

坐在烧烤摊上，夏九举着一串羊肉串问我："周姐，这已经不是我第一次跟领导顶撞了，为什么我和领导都犯冲呢，你说我是不是该去自己创业呀？"

我摇头道："也许是因为你的工作被太多无用的解释充斥了。"

不得不承认，你身边一定也有这样的同事：她的能力一定不是糟糕到离谱的，甚至还可能很优秀；她也一定为了一份方案曾连续加班几个小时，为了几份调查曾在大街上暴晒……

但就是这样的人，她总是和领导沟通不畅，工作中反而给人留下不堪重任的坏印象。她们在工作中有这样的相同点：

1. 遇到事情，第一反应就是去解释。

2. 对于自己的错误，耿耿于怀。

3. 觉得自己一切都好，所有的错误都有情可原。

4. 不能接受批评，认为所有对自己的否定都源于他人不懂得欣赏自己。

吃饭快结束的时候，夏九收到上司发来的一条简讯，大意是这样的：不要经常去解释过去，没有之前的想法和做法，哪来后面的改法？如果对方的想法你觉得有道理，就直接采纳、使用，迭代更新是常态。

前一句是客套，后一句中的"如果对方的想法你觉得有道理，就直接采纳、使用"才是重点。

夏九不懂，于是我对她解释道："生活中，很多事情都不需要解释，而这些事情一般分两种：一是因为解释再多也于事无补，不若及早行动；二是因为从来没有人能得到全世界的理解和认同，那么不如不解释。保持原样，总会找到志同道合的人。"

很多时候，解释只是一种借口。做了错事，第一反应不是去承担，而是用各种理由去逃避和狡辩，这样的人不会获得他人信任的——正如你不愿意别人说你做得不对一样，上司也永远不会承认自己的判断或决策失误。

解释远没有执行有效果，只有行动才能获得话语权。

汪若琳是个活得潇洒的人，她常跟我说："大家认同你，不一定是因为你卓越；但被所有人不认同，一定是你无能。"

汪若琳又是个很复杂的人。工作上，她是个女强人，白手起家，艰难创业，历经 10 年成为千万富翁。但正如她自己所说，她并不是被社会所认同的女人——她曾在媒体上承认自己爱钱，说自己做的一切不过是受金钱驱使。

所有事情只要不是违法乱纪的事，不触及道德底线的事，她都不觉得有什么问题，她也做了不少让自己痛快却伤害了他人的事。所以，这让许多人对她颇有微词，在背后对她极尽讽刺、挖苦。

她对此不屑一顾："如果我可怜到要用别人的标准来要求自己，那我赚这么多钱也就没有意义了。我之所以能赚到这么多钱，正是因为别人的看法对我而言没有意义。"

　　她是个纯粹、坦率的拜金主义者，肆意地过着自己想过的土豪生活。她认为，当今社会，唯有钱能撑硬一个人的骨气，钱也是实现自己的梦想，并帮助他人实现梦想的手段。

　　被人诟病"俗不可耐"的她，在几年前就已经积极投身于公益事业，高调捐助贫困地区修路，资助贫困学生……

　　即使这般，社会大众对她的评价依然褒贬不一。有人说她直爽、可爱，至少懂得回馈社会；也有人说她高调炒作，虚伪至极。但无论社会人士如何评价她，她依然自我，不曾改变。

　　有朋友劝她，以后在大众面前还是将奋斗目标从金钱改成梦想吧。她笑一笑，不置可否。

　　她说："那些虚伪的女人说，她们爱的不是金钱，是金钱带给她们的优雅、自如、精致、有趣。我说'呸'，爱的还不就是钱！优雅与精致，没钱做保障，就像昙花一现，转瞬即逝。

　　"我也尊敬那些真正淡泊名利的人，为梦想坚持奋斗的人，为社会做出卓越贡献的人，但这并不表示我自己也需要如此。我吃糠咽菜做公益和我锦衣玉食做公益，效果并无多大不同——一个乞丐把自己节省下来的馒头送给了贫困学生，你可以歌颂，但你并不能鄙视一个富商送给贫困学生的鸡蛋——慈善从来不分大小。

　　"人生那么长，你总顾及别人，那谁来顾及你？事事考虑那么多，解释那么多，会不会很累？"

　　有些感情，有些事，不需要解释，认真想来果然如此。因为：

　　1. 你不需要解释，因为行动就是最好的解释。大多时候，做比说有用得多，所以遇事不要急于解释那么多，先做了再说——按你认为正确的想法去做，时间会给出最好的答案。

2. 做了错事，不要逃避和狡辩，第一反应应该是去承担。解释有时只是借口，不过是因为不敢扛起责任。

3. 不用刻意去解释，用独处的时间积蓄你的能量，待到时机成熟时，自然会遇到志同道合的朋友。

4. 面对挫折，不要愤怒、抗议，只管埋头默默擦亮你的武器，准备下一次的战斗。我们做每一件事并不是为了展示给他人看，而是为了自己内心的渴望。

5. 与其浪费时间解释，不如去行动，让自己先强大起来。不解释，不是让你全然不顾他人的目光，而是因为一件事情有千万种可能，你不去尝试，永远不会知道是否有奇迹发生。

要知道，你那么努力并不是为了别人口中所说的幸福——你从不欠别人任何借口，只欠自己一个幸福的模样。所以，勇敢做自己吧，毕竟你再优秀也会有人对你不屑一顾，你再不堪也会有人把你视若珍宝。

6. 内心再强悍，总有一副脆弱的皮囊

梦想一定要有，但不能为了梦想而全然拼命。无论你内心再强悍，身体这副皮囊也很脆弱，不是任何人可以改变的。

我曾做过一次调查："一个月给你多少钱，你愿意每天加班到晚上 9 点？"

80% 的上班族的答案是，给再多的钱也不愿加班。而不到 10% 的人说，加班已经成了他们生活的常态，他们睁开眼睛拼命奔跑，闭上眼睛因焦虑而失眠。

他们和赌徒没什么两样，只不过，他们是将青春甚至生命押作了赌注，赌的是梦想。

我不止一次在不同的逐梦者口中听到"来不及了"这句话。这四个字像魔咒一样，回荡在每一个凌晨一点还灯火通明的办公室中，回荡在加班后晚归的地铁里。

大家熬红了双眼，咬紧牙关，蹦出的都是两个字："拼了！"甚至，曾经有一位媒体人戏言，30 岁前的自己用生命换钱，30 岁后的自己用钱换生命。

现实也的确如此。

大家仿佛被一锅又一锅新鲜的"鸡汤"唤醒了，说得越来越多

的话是：别让梦想还没发芽就死去。于是，他们拼了命地向前奔跑，但我们真的要如此迫不及待地去实现所谓的梦想吗？

不久前，我在首都机场送走了小艾。临走时，她抱了抱我，说："周姐，我这辈子再不愿来北京了，你如果想我了就去重庆看我吧。"

作为互联网创业者，小艾在北京奋战了七年。临走前一晚，我们还在一起吃饭。小艾当时说："之前我的确是一名剽悍的女子，聚餐、喝酒、加班、熬夜从不含糊，生活也过得五彩斑斓。那时总以为时间很长，梦想很遥远，于是拼了命地想实现它。

"拼命工作、熬夜加班算什么，那时候的自己恨不得 24 小时不睡觉，像那种凌晨一两点睡觉的情况持续三四年了。清晨早早起床挤地铁，没时间好好吃早饭。咖啡、面包也能支撑一天，这是我的生活常态。但和那些吃饭、睡觉都在工位上的人相比，我的这些经历都不好意思拿来做自己很努力的谈资。"

这样拼搏了几年，小艾出现了胸闷、气短的征兆，但她并没当回事，也无暇去检查。直到一次在医院里醒来，她才知道生命跟自己开了个玩笑——早期腺体淋巴癌。

由于治疗及时，小艾住院治疗八个月后出院了。那时，小艾看着人来人往的北京城说："我终于明白，为什么说这里造就了千千万万个奋斗者的梦想，但也埋葬了太多人的梦想。"

上网，输入关键词"生命"，在铺天盖地的新闻中，总能看到网友在花式演出各种"作死"的情景剧。小艾说："每次想起晕倒前那一刻的无助感，心里后怕至极。其实我还算是幸运的，至少从死神手里夺回了生命。"

用生命换取面包、换取金钱、换取梦想，而促使他们这样"作死"的原因，不过是以下五点：

1. 因为年轻，所以无畏。因为年轻，所以认为死亡很遥远，漠视身体发出的各种警告。

2. 责任感缺失。如果真的以付出生命为代价去追逐梦想，家中的父母、妻儿该怎么办呢？随意用生命去冒险，才是对自己最大的摧残，也是对父母最大的不孝。

3. 在浪漫中幻想成功。

4. 不顾生命风险，盲目透支身体。每一份付出总有所得，你说你不怕辛苦，你拿健康赌明天，可这样真的值得吗？

5. 将加班、熬夜当作一种谈资。经常加班、熬夜的人，是没有时间发朋友圈的。相反，更多人享受的是将加班的照片发到朋友圈后获得点赞的欣慰，于是，久而久之，熬夜成瘾。

是的，加班、熬夜如同吸烟，是会上瘾的。不可否认，夜深人静的时候，工作起来效率更高，可这也是对身体最大的损耗。

每个人都有梦想，但用生命去换梦想到底值不值？有些人劝我说："赚那么多钱有什么用，有命赚没命花，还不如安安稳稳过平淡日子；事是永远做不完的，钱是永远赚不完的，拿命换钱的人，很短视。"

当时的我，内心鄙夷他们对生活的散漫，就把那些劝告抛之脑后了。但是在今天，猝死显然已经和奋斗者站在了同一条跑道上。

"熬夜"，在年轻人的生活中似乎很常见。我们觉得，晚上10

点睡觉不正常，不到凌晨睡觉生命就不丰满了——我们总是觉得自己年纪还小，生活还很长，不幸和死亡都很遥远，于是我们肆无忌惮地熬夜。可是，越来越多的年轻人因为熬夜患病或是得癌，甚至猝死。

打开网页，条条新闻触目惊心——90 后项目开发经理猝死在睡梦中，前阿里巴巴集团数据技术及产品部总监欧吉良在运动时猝死，国内知名社区天涯副主编金波下班回家途中在地铁里突然昏厥，后因旧疾复发去世……

一年 365 天，每天 24 小时不间断地高速运转，恨不得不吃饭、不睡觉，这几乎是所有互联网公司创业者的生活状态。

网上有张励志图片"你看过两点的北京吗"，我想说的是：你看过 80 岁的老人吗？他们曾经的梦想实现了吗？

也有一些人可能是因为某一次熬夜到很晚，工作效率出奇得高，然后以后就会把一些工作留到晚上做。所以，他们每天晚上越来越晚睡，甚至会因为一次次熬夜而感到自豪——似乎这样做就离梦想更近了。

我不否定那些努力追梦的人，毕竟梦想是我们活下去的一种意义，但用生命拼搏来的梦想真的值得吗？

梦想一定要有，但不能为了梦想而全然拼命。无论你内心再怎么强悍，但身体这副皮囊很脆弱，不是任何人可以改变的。所以，为了更好地实现梦想，我们不妨从以下几点入手：

1. 梦想也要贴合实际，所以要选一个最适合自己的梦想，并为之奋斗。至于那些所谓的灿烂梦想，并不适合所有人。

2. 生活还是要轻松一些。我们听过太多年轻人要为梦想去奋斗的话，却还是要注意，在俗尘中行走，每个人的皮囊都是脆弱的。若皮囊最后漏了水，人财两空，什么梦想都是空谈。

3. 生活中还有其他的美好，珍惜生命健康的人，才懂得享受真正的人生。所以不妨慢下来，多多欣赏美景，多多锻炼身体……这也是为了更好地放松身心、接近梦想。

4. 可以执着，但不要执迷。有多少人因为渴望实现梦想而不得，最后抑郁成疾。

5. 不要刻意拖延。很多事情本不必要加班或熬夜去做，但有些人因为熬夜成了习惯，于是，反而在需要认真工作的时候浪费了时间。

我也曾喝着红牛奋战在前线，说着为梦想可捐躯的热血话语。于是，长年熬夜导致我的头发大量脱落，脸上痘痘此起彼伏。

但是，面对周围的一片劝告声，我总是对他们说：我来自小县城，既然不甘平凡，就要拼尽全力改变现状。我害怕自己错过任何宝贵的机会，害怕人至中年自己的梦想还未实现，更害怕机会到手边自己却没能力抓住它。

这就像是一场战斗，充满了无限的欲望却时间有限的战斗，于是我拼了命地向前跑，哪怕付出任何代价。直到某次我去做体检，才发现脾肾都虚了，抵抗力差了，得了中耳炎、神经炎等一堆毛病。医生说，这是长期饮食无规律，睡眠不正常导致的。

那一刻我才醒悟：原来死亡距离自己没多远。

一些生命栽在加班后回家的路上，一些生命栽在熬夜工作时……我们需要珍视的东西太多了，但首先应该珍视的是生命——我们也许不是畏惧死亡，但只有活着才有可能实现梦想，创造奇迹。

其实，那些成功者一定很努力，但并不是所有的努力者都会成功。我理解很多身处底层的奋斗者，现实对他们来说已经残酷到容不得他们稍稍滞留脚步了，甚至容不下那一句"这么拼到底值不值？"的诘问了。

但任何梦想的实现都基于人的存在，任何财富、权势、美誉都是以人身为基础的。几乎所有人都明白，人生匆匆，健康是1，而成就和财富不过是后面的0，如果前面的1不存在了，后面的0再多，堆起来的依然不过是一架架花圈般的符号，毫无意义。

所以，无论是为了梦想还是什么，任性、冲动，不顾生命安全，咬牙坚持，拼命，都请记得：所有梦想都是为健康快乐的人生服务的，再强悍的内心都有一具脆弱的皮囊。

7. 生活要低看，人生要高瞧

我害怕变成自己曾经最讨厌的模样，我害怕自己成为大街上那样平凡的一员。

你见过阳光下的青稞花吗？那种花朵一点儿也不起眼，却固执地开着。谁也想不到，正是这样渺小的花朵结出的果实，却延续着藏区人民的生命。

十月初八立冬那天，我收到了一封青藏的来信，寄信人是良一。

信上说，冬天就要到了，温度越来越低，但是那里的孩子大多还穿着单衣，有的孩子脚上甚至已经生了冻疮，大拇指肿得有萝卜粗；有的孩子手指也被冻得皴裂了。所以，他想拜托我收集一些厚实的衣物，捐助给孩子们。

接到信后，我联系了几位好友，整理出几包衣服空运了过去。很快，我就收到了良一的回信。随信一起寄来的，还有几张照片和一把青稞种子。照片上，几个孩子穿着棉衣，眯着眼，一脸灿烂。

良一说："收到棉衣，孩子们都高兴坏了，迫不及待地穿上了，但都小心翼翼，害怕把衣服扯破，甚至连课间休息时的打闹都少了。"

"这里的环境比我当初想象得还要苦，春天与秋天在这里一闪即逝，有的只是漫长的冬季。"

"整座学校一共有三十多个孩子，来自附近的几个村庄。他们会在天还没亮的时候就从家里出发来上学，然后在傍晚趁着太阳西斜尚有余晖的时候回家。在这里，获取知识的难度和他们对知识的渴望成正比。"

"马铃薯等易种植的高淀粉类作物，是这里的主要食物之一。或蒸或煮的马铃薯就着粗盐粒，就是一顿午餐。早餐就是一块儿糌粑、一碗青稞茶。若是晚上，还有一碗酥油茶就已经很丰富了。"

"今年夏天，村里通了自来水，孩子们再也不需要去五公里以外的河边打水了。这是今年村民们最开心的一件事。"

良一说，自来水接通那天，村里的老人还转经祈福了。他从没想过，原来那些自以为平常的事物，在这里竟然如此宝贵。

那一刻，他才真正明白临行前我对他说的那句话是什么意思："生活要低看，人生要高瞻。"

良一是我表弟，一直乖巧，研究生毕业后，却突然进入叛逆期，开始混迹于各个酒场、饭局，喝酒、唱歌、跳舞，玩得不亦乐乎。家人几次劝说无果，索性找到了我——他们想着我俩是一起长大的，我的劝说也许会有效果。

我见到良一的时候，他正坐在酒吧的沙发上喝酒。见我来了，他撇了撇嘴："我妈派你来做说客的吗？"

"也许是我自己好奇呢，好奇为什么你的青春期姗姗来迟。"

良一喝了口酒，说："我25岁研究生毕业，三分之一的人生在学校里度过了。我从来没想过为什么要读书，直到前不久，蓦然回首，才发觉自己行驶在一条无形的轨迹上：高考、考研、找工作，过着寻常人的生活，那种失落和恐惧感无法描述。"

"你害怕什么呢？"

"我害怕变成自己曾经最讨厌的模样，我害怕自己成为大街上那样平凡的一员，害怕无法实现自我价值，害怕不曾被这个世界记住就已经死去。"说完，良一看了我一眼，"这么'中耳'的话从我嘴里说出来，感觉可笑吗？"

不可笑，一点也不。

我相信，很多人都面临过这样的困惑：我如此平凡地活着是为了什么？而困惑产生的原因，则是因为迷失：

1. 自信心缺失。我们站在无数伟人的肩膀上，依然不能触及伟人的高度，于是自我否定。

2. 社会认同感缺失。社会身份的转变，致使对整个社会的认知开始转变，却找不到自己需要做什么。

3. 目标缺失。从单纯以成绩为目标的象牙塔——学校毕业，站在人生的岔路口，不知道自己要担起什么责任。

过了很久，良一才说："如果灵魂死去，只剩下肉体贪婪地活着，生活还有什么意义。"

后来，良一去了西藏支教。那个离天空最近的地方，有神秘的信仰，虔诚的信徒。临行前，我对他说："生活要低看，人生要高瞧。即使跌入低谷，梦想也要捧得高高的；即使攀上高峰，俯视平川，双脚也要踏实了。"

梅雨季节即将结束的时候，我决定去西藏看望良一。

不同于拉萨的洁净和热闹，良一所在的村庄很偏僻，下车徒步一个半小时后，我见到了他。印象里，那个愤世嫉俗，和我讨论灵魂与肉体关系的少年已经远去，留下的是对着我笑的温暖的良一。

良一居住的房子建在一处山脚下，用石头建成，为了保暖，石壁砌得很厚。窗下的阳光最好，木质窗户下绿油油一片。良一说，那是青稞，打了青稞，可以做青稞茶。

一共三个房间，一处做良一的起居室，一处做厨房，还有一处是教室。室内很简陋，只有一张床、一张矮桌子、一把吉他和一台电视机。良一指着那台老旧的电视说："别小看它，这可是与外面世界连接的唯一桥梁。"

我指了指给他带来的电脑，良一马上两眼放光。在我来的路上，良一告诉我，这边信号不好，上网得去市里。不过，电脑在这里只是一个存储工具，只有联网后才能给孩子们看看外面的世界——贫穷让他们对外面的世界更加向往。

第二天，天还未亮，良一起床了。他得乘孩子没来之前烧上一锅热水，然后从墙边的陶罐里挖出一块牛油——有些孩子来不及吃早饭，他能做的也只是给他们烧一碗牛油茶。

这天，我看到孩子们坐在黄土砌成的桌前学习，用石头在地上练习画画，就着热水吃着干涩的马铃薯和糌粑饼。那种曾以为只属于荧幕里的生活骤然出现在面前，而这种生活给我带来的震撼，让我第一次感觉到了自己的渺小。

午后，良一用吉他弹奏了一首《光阴的故事》，他说这是自己一天中最享受的时光。孩子们对着巍峨的高山歌唱，阳光洒下来，音符仿佛成了他们的翅膀，带他们飞往远方。

良一指着房子背后的那座雪山告诉我："我曾经没带任何专业设备爬上过这座雪山，寒冷和严重的高原反应差点让我魂断那里。我也想过放弃这里回家去，在繁华的都市里，也许会更快成功。但最后我还是留下了，也许我是被这里的孩子感动了，也许是觉得这里更需要我。"

"我依然梦想着能被全世界瞩目，梦想着能被更多的人铭记。但是，现在我已经懂得接受，接受有人在舞台上舞蹈，就有人在台下鼓掌的事实——每一个角色看似平凡，却都拥有不可替代的价值。"

"你见过阳光下的青稞花吗？那种花朵一点儿也不起眼，却固执地开着，花朵孕育出的果实延续了藏民的生命。其实，当初你给我说的'生活要低看，人生要高瞻'，就是这个意思吧。"

做人做事不能一概而论，有时我们还要想到以下几点：

1. 无论多小的事情，都要怀着做大事的心来做。而做成了的大事，都要把它当成小事来看待。

2. 高调追梦，低调做事。低调表示的是谦虚、谨慎的态度，任何伟大都必然以渺小为基础。

3. 真正低调的人做事可能从不低调，但一定很谦逊。低调的人像茶，平而不淡。

这是最好的时代，这是最好的我们。但不得不承认，我们大多数人过着平凡的生活，读书、工作、结婚、生子，日复一日，波澜不惊。

我们的生活中没有多少惊心动魄的时光，有的只是微风细雨般的岁月。但正是这些司空见惯的景象，构成了我们的幸福。

愿我们每个人都能在尘埃中坚守梦想，不辜负青春美好的时光。

远离世俗恐惧：
其实你不怕高，怕坠落

······································

生活里，你可以很善良，但却不能拔掉身上所有保护你的刺。

倘若你收敛所有锋芒，只一味傻傻地付出，对所有要求都毫无原则地接受，那么，别人不会因为你的善良感动，反而会因为你的善良忽略你的感受——要知道，拔光了刺的刺猬，逃不了成为别的食肉动物美餐的命运。

1. 世界凶顽，那是因为你还是个善碴儿

我爱你时，可以对你很好，可以不计较一切。我不爱你时，你连和我说话的资格都没有。我很善良，但我也有锋芒。

爱默生说：你的善良必须有点锋芒——不然就等于零。

我们必须要给对方这样的感觉：我爱你时，可以对你很好，可以不计较一切；我不爱你时，你连和我说话的资格都没有。我很善良，但我也有锋芒。

有个朋友 K 跟我说，最近想离职，因为她在单位遭到了不公正的对待。

三年前 K 进入公司，工作上一直任劳任怨、勤勤恳恳，也对领导很恭谨，对同事很谦卑。对待工作，她永远冲在第一线——下班后同事聚会狂欢，她在加班；周末同事相约旅游野炊，她在加班。她耗费了三年的时间，放弃了与家人的谈心，放弃了和朋友的聚会，放弃了自己的爱好。

当同事有事，她是第一个被想到的顶替者。她也从来不会拒绝同事，哪怕帮助同事的代价是要推掉自己原来的计划。

在这三年里，这样的情况不胜枚举。可以说，整个办公室里，

没有一个人是不曾被她帮过的。

　　K 为此付出了很多闲暇时间，做了许多原本不属于她的事，甚至一次次取消了旅行计划。但是，每一次出手帮忙都换来了同事对她的感谢和领导偶尔的赞赏，她觉得自己的付出有意义，也一直觉得自己在办公室里拥有好人缘。

　　上个月，公司副总的助理辞职了，这个岗位就空了出来。按照公司的惯例，副总的助理也就是未来副总的接班人，于是公司决定，将这个机会留给内部员工。

　　经过几轮筛选，K 和另一位女同事进入了最后的环节。她认为自己胜出肯定没问题，毕竟和自己一起竞争的同事资历尚浅，且工作态度懒散。可是，结果却令她很受伤：在评选当中，同事的得分却远胜于她，最后当上了助理。

　　K 悲愤得想辞职。她说："为什么同事样样不如我，却能升职？为什么自己付出了那么多，却得不到大家的认可？"

　　以前，她一直以为，只要对别人好，对方也会对自己好，可现实往往并非如此。其实，生活中到处都有这种现象：明明心地善良，热心助人，成了免费劳动力，却被别人在背后说憨；明明对领导恭谨，对同事友善，结果却经常被小瞧或利用。

　　遇到这种事，很多人会气愤不已，总觉得人心太坏，世界凶顽。其实，世界凶顽只是因为你还是个善碴儿。

　　生活里，你可以很善良，但却不能拔掉身上所有保护你的刺。

　　倘若你收敛所有锋芒，只一味傻傻地付出，对所有要求都毫无原则地接受，那么，别人不会因为你的善良感动，反而会因为你的善良忽略你的感受——要知道，拔光了刺的刺猬，逃不了成为别的食肉动物美餐的命运。

那些毫无原则的善良之人，一定都有以下这些特点：

1. 感情用事，耳根子软。他可以跟每个人都相处得很好，也从来不给下属提严格的要求，觉得过得去就行。他认为自己所做的这些，是在为别人着想。

2. 只顾眼前，看不清未来。毫无原则地做事，虽然能保住一时的利益，却会失去长远利益。

3. 信念不足，难以做正确的事。不能正确把握什么事情该坚持到底，什么事情该当机立断。所以，他缺乏坚定的信念和意志力，在关键时刻挺不住，难以做出正确的决策。

暖冰出身于书香门第，知书达理、乖巧可人。大学毕业后，她通过相亲认识了男友，两人交往了整整三年。

男友的父母经营着一家公司，家境不错。但当爱情逐渐稳定后，暖冰和男友打算步入婚姻殿堂的时候，出现了问题。

双方父母围坐在一桌，商量二人的婚事时，男方父母为难了。按照当地习俗，男方需要给女方一定的彩礼钱，以示对未来媳妇的重视和喜爱。至于聘礼的多寡，以实际家境情况为准。

未来的婆婆说："我们很高兴你做我们的儿媳妇，也想把你风光地娶过来。如果是在两年前，我们一定有这个能力，只是这两年来经济一直不景气，生意难做，我们也一直都在吃老本。"然后，她话锋一转，问女方家对聘礼有什么想法。

暖冰的父母都是知识分子，见对方说生意不好，想着以后就是一家人了，何必要求那么多呢？更何况，女儿以后要在男方家生活，于是，只象征性地要了两万元的聘礼。

婚礼前，暖冰的母亲还买了一辆车送给女儿做嫁妆，就当对小两口的祝福。

结婚后，公婆忙于生意，没有时间打理家务。暖冰对市场营销一窍不通，并且对这些也没有兴趣，索性将家务活全部接了过来。洗衣、做饭、打扫卫生，暖冰做得井然有序，甚至还会在周末烤饼干、学插花。

老公和公婆每次吃着她做的饭菜，总是赞不绝口。

有一天，暖冰买菜回来，碰到小区里的一位阿姨。阿姨很健谈，就拉着她聊天："你公公婆婆都是做生意的好手，你得多帮帮他们啊。你看你们夫妻二人岁数也不小，一点忙都帮不上，你公婆得有多累啊！"

她一脸茫然。细聊之下才知道，婆婆经常在外人面前嫌弃她，觉得她人也不灵光，笨手笨脚的，哪哪都不行。比如说，结婚的时候她连聘礼都不知道要——读书多的人清高，骨子里却呆呆的，怎么可能学会赚钱？

最让她难以接受的是，其实公婆这几年的生意一直不错，存款有不少，可是当初却在她家人面前各种哭穷——她好心体谅，结果不仅没得到认同，反而被嘲讽呆傻。

暖冰不明白为什么平时和善有加的人，却在背后如此诋毁自己。思来想去，暖冰最后得出一个结论："世界太复杂，人心不善，别人也会用小人之心度君子之腹，所以不能理解自己！"

其实，并非如此。

你自以为在家里忙忙碌碌，默默奉献，任劳任怨地稳固后方，也许反而会得到对你的误解；你以为舍弃爱好与梦想，成就他人会换来感动，也许得到的是别人对你的嗤之以鼻；你以为自己总不拒绝换来的是理解，也许反而是无尽的埋怨。

你那么善解人意，为他人着想，活得到底累不累？你那么善良，可是这个世界却充满了荆棘。那么，怎样才能在这个凶顽的世界无往不利呢？

首先，对不同的人要有不同的对待方式。我们从小就被教育要善良，要体谅别人，但事实上这种教育太死板，因为人是多种多样的，同一种方式不可能适用所有人——对什么人应用什么方式，才会使你立于不败之地。

其次，你要相信，人都是自私的，尤其是面对那些和你关系并不深的人。你觉得他们坏，其实，他们只不过做了对自己最有利的选择而已。

再次，要站在别人的视角看自己。有些事是站在自己的角度去看，所以才会想不明白。

最后，你要明白，人都有惰性。这种惰性表现在，当别人知道不用对你好，你也不会离开时，不为你付出，你也会继续付出时，会对你产生怠慢的情绪。

这就好像，你总是会忽略父母发来的短信，却匆忙回复朋友的问候。因为你确定，父母是会永远珍视你的，朋友则不会。

你要知道，生活中，有时候是需要妥协的，但不是毫无原则地妥协。盲目善良的人容易被感情控制，缺乏坚持原则的勇气，在基本价值观这条底线上容易做出退让，那么，你失去的将会是自己被这个世界尊重的权利和机会。

2. 其实你不怕高，怕坠落

其实，我们哪里是害怕高处会带来的危险，只是不敢接受可能会坠落的事实。

没必要强迫自己去看穿什么，因为我们不是圣人，不是智者。我们能做的就是，享受追逐成功这个过程中的一切。然后某一天，抬头看天，就会发现，其实一切都没有变，变的只是自己的心。

我们常常会让一个想法尚来不及实现，就被自己扼杀在萌芽状态；一段爱情还没有开始，就已经结束；一个计划还没实施，就被淘汰：我们有千百个理由去放弃，却没有一点勇气去争取。

5 月中旬的一个周末午后，刚下过一场雨，空气里飘着花的香气和泥土的腥味。

我被一阵急促的敲门声惊醒，打开门就看到夏琳抱着一箱资料，浑身湿漉漉地站在门口。她进来后，胡乱捋了一把头发，然后盘坐在沙发上问我："嘿，有酒吗？ 52 度的，先来一瓶。"

夏琳是一家公司的会计，男朋友是她的主管。夏琳对男朋友一见钟情，在送早餐、约吃饭、看电影等各种套路就要用尽的时候，他终于接受了她。

即使公司明令禁止同事之间谈恋爱，但荷尔蒙涌动的两人还是展开了地下情——一切都在隐秘中，如同黑暗中绽放的花朵。夏琳说，工作中，每一个眼神的交流都能让自己热血沸腾，她享受着这段爱情带来的刺激与甜蜜。

我曾劝夏琳，乘单位还未发现尽早打算，换工作吧。夏琳总是一摆手："放心吧，没事的。"

那封致命的邮件是在周一晨会时发出来的。夏琳和男朋友的亲热照片被挂在了公司员工群里，发照片的是其男友的竞争对手。面对质疑，男朋友一口否认了两人恋爱的事实，并拿出一张和另一个姑娘拍的亲密照片。

那一刻，夏琳才知道，那个昨天还抱着自己诉说深情的男友竟然已有未婚妻。谁也没想到，夏琳男友通过自我揭露一段关于爱情的谎言来证明自己的清白。

办公室恋情风波稍平，夏琳递交了辞职信。临行前，她拷贝了男友的电话本，找到了那个和他联系频繁的号码，将二人的亲密合影发了过去。

我劝她："既然已经分手，何必为了路人甲而费心思。"夏琳哼了一句："现在才扯平了。"

第二天，就在我惆怅夏琳会不会因为事业、爱情没有"双丰收"而颓废的时候，她已经在我家客厅满血复活了——沐浴着明媚的阳光，她正坐在餐桌前浏览着招聘网站，查看上面的招聘、求职信息。见我起床了，她指着电脑嚷嚷："我决定去卖咖啡了。"

"可是，你了解咖啡吗？"

"嘿，这有什么，做了再说，难道还有比现在更坏的结果吗？"

夏琳很顺利地成了一家咖啡屋的一名员工。那段时间，我家各个角落都充满了咖啡的香气。

因为不了解咖啡的种类，夏琳奋不顾身地喝了上百杯咖啡，寻求其中的差别。因为不明白咖啡的市场，夏琳熬夜查资料，整理数据。后来，我见她在纸上写写画画的，原来竟是想建议店里换一种经营模式，迎合市场，销售主题咖啡。

同事打击她："省省吧，如果真的做主题创意，不仅咖啡的包装要换，甚至店面装修都得重新改进——那么大的事情，怎么可能被批准？"

夏琳不理这些，而是一次次地提交自己的策划方案。终于，在一次集体会议中，夏琳的主题咖啡销售方案获得了经理的认同。她也凭借全新的营销方案一跃成了项目组长，全权负责这项计划。

和我聊这些的时候，夏琳满脸兴奋。我打趣她："你埋头向前冲，难道从来不考虑结果吗？就算老板把这项任务交给了你，你用什么方式去实现呢？你做好准备了吗？"

夏琳用鄙视的语气回答我："生活中哪有那么多的'如果'，与其瞻前顾后，错过机会，不如直接尝试。即使失败，也不过是从头再来。相反，你们所谓的慎重考虑不过是怕失败的借口。"

因为没自信，所以不相信成功会降临，于是拒绝了机会。

因为没毅力，所以害怕由此带来的一系列麻烦，于是拒绝尝试。

因为没勇气，所以害怕失败，于是拒绝了成功。

有多少事，还没开始就已经结束。

遇见喜欢的人，想着在一起后可能会面对的各种现实，于是沉默了，不去表白；遇见喜欢的工作，想着就职后的各种工作境遇，于是放弃了去面试……口口声声说要改变自己，却又告诉自己，如果变好，可能会有更多的麻烦。

更有甚者，得意扬扬地用"高处不胜寒"来自我安慰——他们宁愿在人群中欢笑，也不愿在王座上哭泣。

其实，你们哪里是害怕高处会带来的危险，只是不敢接受可能会坠落的事实。

周末我去参加沐春的婚礼，一身白纱的她低着头笑得恬静。

沐春心里藏着一个深爱了五年的男人，却始终没有告白。她结婚前，我问她会不会感到遗憾，遗憾从不曾对那个心爱的男人表白，从不曾试着去争取爱情。

沐春一脸忧伤，摇头说："算了吧，如果我表白后他接受我了，怎么办？"

工作中，沐春同样如此，比如不肯主动做任何创新。她给的理由也很简单："领导要求的只有这些，如果我做出创新后，他让我全面推广，或者让我做得更多怎么办？那太累了。"

说起沐春，大家都知道她是一个好员工，可是也并不对她有过多的赞赏。因为，她所有的工作都在条条框框中进行，不会有大的错误，也不会带来什么惊喜。

有多少人活得和沐春一样，即使也会渴望攀登高峰，却害怕踏出第一步，更没想到要做些什么改变，所以，也就错过了许多机会。

曾经看过一本书，名叫《你害怕的只是成功》。当时我很不理解，觉得成功不是每个人的渴望吗？拼搏、忙碌，不就是期望能有所成吗？后来发现，原来大家害怕的不是成功，而是成功背后可能出现的失败。

《公主日记》中的安妮，前期因为公主的身份，过上了普通人渴望的生活；后期却因为骤然成功带来的种种压力，比如学习皇家礼仪、接见各国使臣代表等这一切对她来说太过陌生，内心极度恐慌，甚至一度想要放弃。

这就是为什么生活中会有单身者不是因为没有遇见更好的另一半，也不是不曾为某人心动，而只是因为恐婚，于是被迫选择单身的原因。所以，与其恐惧成功背后的失败，还不如做生活中的"傻白甜"，不计后果，奋勇向前。

不要计较未来，不要担心失败，释放灵魂中"傻白甜"的原动力，甩开双手，奋勇向前就好。而这些需要我们做的是：

1. 坚定梦想。随着阅历的增长，我们的梦想逐渐变成现实：找到一份好工作，有了美满的婚姻。但在实现这一切的同时，我们还需要坚定的毅力，并且面对任何恐惧都不能退缩。因为，没有梦想的现实终究不会圆满。

2. 行动远远比想法重要。想去旅行就抓紧时间去，喜欢哪个男人就去表白……行动往往能带给你意想不到的惊喜。

3. 面对失败，需要厚脸皮。我们永远不能因为恐惧而停滞不前，毕竟我们会因此失去太多美好的东西。即使面对失败，也需要厚脸皮。

4. 生活需要勇气，并且要像电量一样满格。这勇气，就是为梦想而生的勇气，为自由而生的勇气。

每个人的人生都是在时间和空间这两个维度上进行的，空间可以变，而时间是不会变的。

时间犹如一条只朝着一个方向永恒匀速流动的河，我们每个人都在借助河水的力量，用自己的速度前进着。我们永远不知道，下一秒会遇见什么——它是足够美好，还是足够糟糕。但我们有的是时间去思考，去尝试，去犯错，去改正。

只要有追求梦想的力量和勇气，至于到时无论是否真正触摸到了梦想的天空，我们都可以坦然地说："这世界我曾经来过，来的时候我一无所有，走的时候我也问心无愧！"

3. 你需要一次超越内心的修行

这种空虚感有时甚至比挫折更可怕。很多时候，让我们跌倒的不是路，而是不知道去往何方的迷茫。

忙完工作了，你总想着该做点什么，但有时却无从下手——学习、锻炼、社交……心中不免涌现出些许感慨。其实，你我都明白，做这些事都是需要"状态"的。

于是，在刚好不那么开心的时候，天空压抑得像要下暴雨，空气闷热，精神也跟着浮躁了。你刚忙完不得不做的事，开始想着做些"有意义的事"，却又什么都不想做。

你明知道青春就要逝去，自己该做点什么，可是真的感到好无力，空虚感便如暴雨骤至。

有时候，我们会去疯狂购物，会大吃大喝用酒精麻痹自己。也许我们会因此一蹶不振，或者就这样平淡地过一生——我们以为是挫折让自己跌倒之后再也没有力气爬起来，却没想过，最大的打击源自心底。

我在法国学习摄影时，我租住房子的房东是一名华裔大姐，热情开朗，总是乐于助人。但是，她曾经被丈夫背叛，在离婚后的几个月里她都走不出阴影，总感到空虚、寂寞。

她说，她将全部精力都奉献给了家庭，而丈夫的背叛使她感到自己的整个生命都失去了意义——她曾经的努力都变成了零，一切都得从头开始。可是，她已经没有心力重来一次。

后来，某天她出门倒垃圾，突然发现，几个月来，门口那棵大树已经度过寒冬，开始枝繁叶茂了。

她细细地看着这棵大树成千上万的树叶，虽然看上去每一片树叶都一样，可实际上是千差万别的。它们靠在一起，却又不粘连，仿佛每一片树叶都是一个世界，有着自己与众不同的脉络和独一无二的纹理。可是，它们又联系在一起，由数万片树叶构成了大树最主要的绿意。每一片树叶都迎风飘摆，密密麻麻的树叶缝隙里投射出斑驳的阳光。

突然间，她释怀了。她说，她突然觉得自己并不孤独。不管怎样，作为一个个体，她是整个错综复杂世界中的一分子，不曾缺席，而且与这个世界血脉相连。

所以，常常让我们一蹶不振的不是挫折，而是遭遇挫折后的空虚：

1. 空虚源于对未知的恐惧。人生就像拼图，当你看不到一个完整的图景，甚至都不确定能否完成自己所设想的图景时，空虚就会悄然而至。

2. 对信念和理想的过分强调。为了逃避空虚——寻找理想——寻找不到理想——空虚感进一步加深。由此，就会陷入恶性循环。

3. 迷失了自我。世界拥挤，生活忙碌，你因此而迷失了自己，皆因心太空虚。

4. 空虚源自不被允许的心愿。想要的得不到，得到的不想要，这就会导致空虚。

前年3月份，我遇见了王一坤。他曾经开着一家主题摄影工作室，由于独特的摄影风格和清新、文艺的排版模本，一时风头无两。可是，现在我见到他的时候，他穿着皱巴巴的衬衣，头发乱糟糟的，坐在街角咖啡屋吃下午茶。

我拉了一把椅子坐下，他看了我一眼，低头继续喝着咖啡，他的手边有一本摄影杂志。

等到我点的糕点和咖啡端上来的时候，他才终于有了反应——伸手将那份抹茶蛋糕端起来，用茶匙挖了一大口，挑衅地看了我一眼，然后吃掉。

后来我才知道，他那时刚刚关了自己的摄影工作室，而后整个人懒散到了极致：每天从一早睡到凌晨一点起来，去咖啡屋吃一块蛋糕，喝一杯咖啡，然后去酒吧度过漫漫长夜，天亮才回家睡觉。

几个朋友劝他重整旗鼓，他统一回复："你们又不是我，怎么知道我要重整旗鼓有多难。"

王一坤完全放弃了他原来的生活方式，曾经那个衣服永远不能有一丝皱褶，头发永远整齐地梳在后面，每天有一大堆事要做——从摄影到修图，午夜 12 点后才有时间休息的王一坤消失了。

现在的王一坤是一个颓废的，生活无目标的无业游民。我厉声问道："你准备这样自暴自弃到什么时候？是不是就此打算彻底与摄影事业告别？"

这个身高一米八的硬汉，竟然在我面前哭了。我这才知道，他确实是被挫折击倒了。

王一坤说，他当初从杂志社辞职，开创自己的工作室的时候就想明白了，他不怕吃苦，所以会加倍努力。他学习了多种摄影风格，一次次去尝试微光差别背后的不同摄影效果，甚至为了一个"LOMO"效果，他可以在一个地方蹲三个小时。

正是因为长时间的拍摄，那段时间每天清晨醒来，他的胳膊和腿都是酸疼的。但那个时候，即使每天没有整点用餐，睡眠不足五个小时，十分疲惫，可心情是愉悦的，就好像一头不知疲倦的毛驴，快乐地、不停地向前奔跑着。

可是，就在王一坤的工作室开了三年以后，其他主题摄影工作室如雨后春笋般层出不穷地冒了出来。

工作室面临着改进的选择，可就是这个想法打乱了他的全部计划。他害怕转型，也不知道怎么转型，更不确定转型后的效果如何。他每天都在煎熬中度过，终于得了一场大病。

住院半月出院后，他关闭了工作室。他的理由，在旁人看来有点匪夷所思："反正迟早是要关，与其等到它彻底不行了再关，那还不如把这个摄影工作室留在我记忆中最美好的时候——那样总胜过最后不得不放弃来得更开心。"

认真想想，生活中其实有很多这样的现象：

想要得到某一样东西，却不知道如何去做，于是说服自己承认根本不想要；想要爱一个人，不确定他（她）是否喜欢自己，不敢表白，于是自欺欺人地认为，两个人在一起其实根本不适合；想要换个工作，但不知道自己工作的意义在哪里，于是安慰自己工作难找，先做着当前这个吧……

我们总觉得未来迫在眉睫，想要将剩下的每一秒都过得有意义，可是找不到方向，内心一片茫然——这种空虚感有时甚至比挫折更可怕。

很多时候，让我们跌倒的不是路，而是不知道去往何方的迷茫。

那么，我们怎么应对空虚感呢？试试下面几个方面：

1. 做自己喜欢做的事，例如折一只纸飞机，煮一杯香浓的咖啡，读一本有趣的小说，看一场经典的老电影。在这样的静谧中，你会感受到时光缓缓流淌的魅力。

2. 试着学会"逃避"。有时候，逃避是为了更好地完成。

3. 为生活涂点其他色彩，学着培养一些生活情趣。比如，烤一个蛋糕，学唱一首歌，练习几个瑜伽动作……生命中还有许多事情值得去做，去尝试。

4. 去做吧！做比说重要，与其想象一千次，不如真正做一次。

5. 到人群中去。人是社会性群居动物，与人交往是感受到自我需求与价值的最直接的方式。

6.尝试去接受并解决一切使自己困扰的事情。有些事只要尝试了，就会发现原来不过是件小事。

有时候，想要逃离现在的生活，不顾一切地收拾行李去旅行；有时候，自己很脆弱想一个人躲起来，不愿让别人看到伤口；有时候，心里突然冒出一种厌倦的情绪，茫然不知所措……

有时候，梦想很多却力不从心。不如就此放过自己吧，并学会从每一件小事做起，将时间浪费在自己喜爱的事情上，让生活变得有趣，让内心变得充实，让未来变得不再虚幻。

你要知道，很多时候让你跌倒的不是脚下的路，而是自己站在路上不知去向。

4. 要简单，但不要简陋

简单是一种生活方式，而简陋只是证明了你还活着。如此而已。

我从来不认为生活比梦想更重要——我可以将就一切，将就穿的不是名牌，开的不是豪车，晚餐不够丰富，却不能将就梦想哪怕有一点瑕疵。

我曾穿着睡衣到超市买菜，也曾穿着拖鞋在夜市里和朋友吃饭喝酒……我调侃自己，说这是放荡不羁，这种随意的自由才是生活的真谛。

那时候，我从来没觉得自己过得有多么简陋，甚至为这样简单、安逸的生活沾沾自喜。直到前些年，我初来北京借宿在朋友汤臣家里，情况才有所改变。

那段时间，我找工作并不顺利，每天就是抱着电脑打游戏。

汤臣也刚辞掉工作，宅在家里不出去，每天和我一起组团打游戏。我俩常常面对面坐着，谁也不说话，他那边烽火硝烟，我这边爆笑连连。

肚子饿了，我们就叫外卖。后来，我们的存款所剩无几，也觉得这样下去实在不是办法。于是，我俩乘着假日期间超市促销，跑去买回来两大箱方便面和一大包榨菜，决定在重新找到工作前就靠泡面维持生计。

那时，网络购物还没有发展起来，网络兼职也没有现在这么多样。还好，我在高中时期练就了独特的打字技能，打字速度奇快，汤臣很快帮我在网上找到了一份文字录入的兼职工作。

而汤臣不一样，他是打游戏的老手，他通过网络聊天工具找到了帮别人做游戏号升级的工作。

所谓的文字录入，不过是做一名廉价的打字工——客户将资料以图片形式发过来，我要将其转换成文字格式。那些资料，十有八九是流传于市街小巷的艳俗小说。

我觉得这也不失为一种谋生手段，于是在网上接了各种炮制小说的工作。汤臣也开始卖起了游戏号。这样过了三个月后，泡面被我俩都吃完了。

那天下午，我和汤臣各自通过一番网络交易后，发现总共赚了几千块钱。

望了望窗外的蓝天白云，明媚的阳光，我竟有种恍若隔世的感觉。我的内心仿佛突然出现一个黑洞，莫名的恐惧从黑洞里蔓延出来——回首刚刚过去的三个月，我竟找不到自己存在的意义。

我对汤臣说："我不能再继续这样下去了，这样的生活会把我腐蚀掉的。"

汤臣一脸茫然，随后大笑："你傻啦，这样的生活有什么不好，边玩儿边赚钱，简单而舒适。"

看了看出租屋里廉价的生活用品，凌乱的一次性餐具堆积成山，我摇了摇头。当时，我虽然并不明白让我内心焦虑、恐惧的原因是什么，但却清晰地知道，那并不是我想要的生活。

后来随着年龄增长，所见所闻逐渐增多，我终于知道，我当时的生活并不是简单，而是简陋。并且，那种简陋因为舒适和个性反而带着腐蚀人心的魔力，在这样的环境中待久了，慢慢地，人心就会被腐蚀——再也没有激情去拼搏奋斗了。

简单是一种生活方式，而简陋只是证明了你还活着。如此而已。回想一下，让我陷入那种简陋生活的原因不外乎以下几点：

1. 因为懒散，行动力弱。最怕心中有想法却懒得去做，于是逐渐变得将就，生活品质下降。

2. 总是不了解自己内心的真实想法，人生方向不明。茫然地站在人生岔路口，不知道自己想要什么，也不清楚自己能做什么，于是索性什么也不想、不做，干脆就平庸到老。

3. 没有勇气挑战世俗眼光，去改变现状。生活中，也不做过多的尝试。

4. 对未来没有激情。常常安慰自己顺其自然，得过且过，却不知道拼搏的可贵。

玲子和恋爱一年的男朋友分手了，原因是：男方父母并不认可玲子，认为她是一个有心机的女孩。

玲子在一家公司做文员，工资不高却也够养活自己。她在市中心租住了一所公寓，房租几乎占去了日常开销的一大半。

平时，玲子也做饭，比如煲汤、烤蛋糕……她还报了瑜伽班，时不时就去锻炼一下身体。

我常常感叹，自己活得不如玲子精致，每次都说要跟她学习厨艺，或者说要和她一起去上瑜伽班，但总是因为时间问题而搁置。

但恰好是我欣赏玲子的这些地方，成了她爱情失败的原因。

男方母亲说，玲子将大部分工资用在租住高档公寓上，很大原因是为了认识有钱人，甚至，学习瑜伽也只是为了攀上有钱人的一种手段。

在男方母亲的看法中，作为外地姑娘，玲子就应该住在偏僻而老旧的出租屋里，房内物品应是廉价的，床、衣柜、衣物、碗筷等都应该体现出经济实惠的特色。

玲子恨不得从冰箱里扒拉出超市促销的食品，来证明自己活得简陋。但她住的公寓却不一样：精致的单人床，整洁的小型衣柜，烤箱、砂锅、电饭煲在厨房中排列有序，窗台上还摆放着花草。

我见过太多租客因为时常需要搬家，所用物品基本都是一次性的，坚决不肯在这方面过多投资。比如，没有凳子没关系，可以在床上坐，甚至连床都是充气式的；没有筷子，就用泡面桶里带的塑料叉子。那样的生活，无处不透露着简陋的气息。

玲子却不一样，她对生活中的一切事物都要求有品质保证，甚至连不同的菜肴要搭配不同的碗碟都要讲究一番。玲子说，每个人所处的环境不同，接触的人不同，境界也就会不同——她选择这所高档小区住是为了激励自己去奋斗，为了自己能更加上进。

有人认为，北漂生活就是要被廉价商品充斥着，生活可以过得很简陋。为什么会有这种成见呢？

生活的简单哪能从日常用品中看出来，那其实更是一种生活方式。每天要做什么事，见什么人，去什么场合，这些都是简单生活的体现，而不是从物质上进行揣测。

"也不常用，将就一下吧。"这句话我听了很多遍——桌子腿已经弯了，将就着用吧；衣服不合身，将就着穿吧；饭菜不可口，将就着吃吧……这样的人生，往往充满了无奈、纠结和妥协。

不是说将就不可以，但将就至简陋就不太好了——明明知道泡面不健康，却因为懒得做饭而将就；明明知道衣物廉价且不合身，却因价格而将就；也由于觉得自己迟早会搬家，于是生活用品选择全部将就。

但最可怕的是，你因将就而将人生过得简陋，却自欺欺人地说简单可贵。

比如，曾经有一段时间，你心情低落，每天懒得脱下睡衣，不洗脸，不肯上街……你的生活完全被无聊的泡沫剧充斥。有一天，你总算度过了低潮，坐看天空云卷云舒，还安慰自己简单可贵。

但这不是真的简单。简单的前提一定是，你见识过了缤纷、复杂的生活，对生活品质有了一定的追求。简单是一种生活态度，是内心安静如闲看风月时一样的态度。

简单的生活一定有这样的特点：

1. 不过将就的人生。品质决定生活质量，每天的生活一定要对自己负责。

2. 不委屈自己。别总过打折的生活，那些廉价而简陋的东西不要也罢。

3. 有主见，不会人云亦云，更不会为世俗眼光而改变自己的生活方式。

4. 能独立生活，不依附他人。尤其对女性而言，只有经济和人格独立了，不依附他人，才能更坦然、更简单地过完一生。

5. 不放弃事业。当女性有了自己的事业，事业将为她筛选朋友圈，生活也会因此而逐渐简单化。

简单是生活品质的保障，绝不是简陋物品的堆积。

简单是一种境界，是类似于平凡而又不完全平凡的生活态度。简单的生活是一道平淡却不失雅致的风景，宛如淡淡的白开水对于生命的意味。

在云淡风轻的日子里，某一个人、某一句言语、某一个画面，都能让你享受到心底的那份宁静。这就是简单。

5. 心向远方的人都曾颠沛流离过

咖啡的甜度不在于怎么搅拌，而在于是否放糖；一段伤痛，不在于怎么忘记，而在于是否有勇气重新开始。

人生不在于活得长与短，而在于顿悟得早与晚。

生命不是用来验证别人的对与错，而是用来实践自己的精彩生活的！颠沛流离的只是过程，不忘初心，方得始终。

午后的阳光很暖，路过槐柳巷那座桥的时候，隐约听到谁在叫我。桥那边，一位年轻的姑娘使劲儿朝我挥手。见我看到了她，她就快步跑到了我跟前："我还以为自己认错人了呢！你还记得我吗？我是白薇。"

白薇是我曾经寄宿过的叔叔家的女儿，记忆中，她并不喜欢我。当时，我只在叔叔家住了三个月就离开了。后来听说叔叔搬了家，于是再也没有联络过。

白薇说她初到这座城市，还没租房，于是我把她带到了家里。

再见白薇，有种难以言说的情绪在胸腔内跳跃——激动、尴尬、紧张，而这些情绪最后都幻化成一种叫回忆的碎片。

白薇是我最不愿提及的那段过往岁月里的见证者。

我 15 岁的时候，因为家庭问题借住在亲戚家里。由于性格内向，加上身处陌生环境，没有朋友的我变得越发孤僻。

我一个人上下学，一个人去食堂吃饭……久而久之，同学间传出一些不好的话。比如，他们说我在别的学校里交了男朋友，家长发现后就把我送到了这里。还说我妈妈是别人的情妇，我自己则天生带有诅咒，所以无人收养。

而白薇，因为我的关系也被朋友排挤。尚且年幼的我，根本不知道要如何去保护自己的感情。

那天放学后，她狠狠地将我推进路边的河里，说："你什么时候才离开我家，我讨厌你！"

黑暗像一块幕布慢慢笼罩下来，接着我爬起来就在路边蹲着哭了起来。湿漉漉的衣服紧贴在身上，风吹过冻得我蜷缩成一团。

我没有家，没有亲人，不知道自己应该去哪里，可以去哪里。世界那么大，我却仿佛是唯一被抛弃的那个人。

叔叔找到我的时候，据说我已经发烧到昏迷了过去。退烧后，我从叔叔家搬走了，也就再没见过白薇。直到今天，我以为那段过往我已经忘记了，却发现原来只是不想提及。

我将睡衣和洗漱用品给了白薇，她接过后盯着我看了几秒，问我："你的变化好大，一定是遇见了很好的人吧？"

我想，是的。

从叔叔家搬出来后，我回了家，守着爸妈留下的房子，开始一个人的生活——一个人去超市买东西，一个人煮面吃，一个人去交水电费，一个人在雨中奔跑（因为我知道不会有人给我送伞），一个人在雷电交加的夜里吓得瑟瑟发抖……

我渴望别人的温暖，但到后来却习惯了一个人的生活，不再奢望别人的关怀。

再后来，我开始抵触别人给我的温暖，抵触到人多的地方去，抵触陌生人的问候，抵触和别人交朋友……我甚至觉得，大街上每一个对我笑的人都是在嘲讽我的孤独。

于是，我在心底建了一堵厚厚的墙，守着自己的心不愿出去，也不让任何人进来。我害怕麻烦别人，也害怕被别人麻烦。我虽然渴望远方的风景，却不愿走向远方。

有多少人和我一样，曾因路上的颠沛流离而放弃拥抱的温暖，而如今回想那些曾遇见的美好，却发现它们依然温暖着我过往的岁月。

当时，我总以为自己受到了伤害，于是用硬刺武装了自己，并且迟迟不敢向前。但我不知道，那些颠沛流离和自身的错误也有很大关联：

1. 曾经的自己不懂别人的温柔，总以为是别人辜负了自己，却不知自己辜负了别人的温柔。

2. 渴望别人理解，却难以改变自己。

3. 守着过去的痛苦，不肯放过自己。生命如一条河，只能向前奔涌，不可能回流，所以生活也总会向前、向未来行进。

4. 不够勇敢，不敢去接受一个炙热的灵魂，于是守着孤独，享受着寂寞如歌。

那天之后，我还带着白薇在这座小城里四处转了转。

某天在咖啡屋，白薇低着头说："对不起，当时的我并不知道自己的行为给你带来了那么大的困扰。在你离开以后，我很后悔，可是我已经找不到你了。"

那一刻，我内心竟然也没有多难过。我知道，自己终于接受了那段悲伤的过往。我对她说："我给你讲个故事吧。"

在桥那边的胡同里，住着一位八十多岁的老妇人。曾经，我做的最多的事情就是过去陪她。

老妇人一头银发，面容慈祥。她曾帮助过很多人，也曾在那个物资匮乏的年代以一己之力在村口摆摊，煮红薯、做面条、蒸馒头……五毛钱管吃饱。

后来，虽然物价上涨，但她的摊点始终只以低利润经营，遇见困难的食客，她甚至免费提供饮食，周围的人都很尊敬她。

老妇人年轻的时候是附近有名的美人，丈夫也温文儒雅，两人曾经相濡以沫，甜蜜而温馨，还有一双乖巧可爱的儿女。但是，后来丈夫上了战场，并且在战争中牺牲了。

从此，老妇人带着两个孩子艰苦度日。不料，后来儿子在一场车祸中丧生。经历了丧夫、丧子之痛后，大家都以为她的精神可能会随时崩溃，但她却毅然坚持了下来。她说，路只能向前走，生活只能向前看。

是的，生命没有轮回，除了孤勇冲锋到最后一秒，没有任何理由可以选择放弃。

了解了她的故事，我才知道曾经的自己有多肤浅：那些曾以为天崩地裂的烦恼，现在看来也不过是件小事。如果能遇见曾经的自己，我想对她说：

1. 接受自己，接受伤痛，接受过往。每个人的一生都会经历跌宕起伏，而每一段过往其实都是最美好的时光。

2.直面过去，才能走向未来。逃避并不是最好的方法，只有直面过去，把握好现在，才能走向未来。

3.生活还是要潇洒一些。时光不可能逆流，往事不可追，走出过去才会到达未来。

后来，白薇又陪了我一段时间。她是在某个清晨离开的，我不知道她去了哪里，会不会回来。她也许会去往他乡，也许会回到曾经住的那个小镇……

但我希望，如果有一天她回到那个小镇，我想让她告诉我曾经遇见的那些人，我现在过得很好，并且感谢他们曾温暖了我的岁月。

别在生活中老盯着别人的幸福羡慕不已，因为不曾感受过痛苦的人生不是真正的人生。但是，真正的痛苦，别人难以替你分担，所以，怎么走出阴影还是得靠自己。

咖啡的甜度不在于怎么搅拌，而在于是否放糖；一段伤痛，不在于怎么忘记，而在于是否有勇气重新开始。心向远方，即使总是颠沛流离，总有一天也会被世界温柔相待。

6. 你不必向这个世界证明什么

因为坚守自我，所以不会因为挫折而轻易放弃和自我否定，不会在人生的路途上迷失自己。

人这一辈子，注定与酸甜苦辣咸有着剪不断的羁绊。

中国人讲究吃，不仅仅为了活着，更是追求极致生活状态的一种体现。吃，要吃出雅致，吃出品味，吃出格调。

普通人吃的是食物的滋味，但江一帆却吃出了自己的梦想。

江一帆是这座城市知名的美食评论家，他有三个神奇的器官：舌头、手和眼睛。凡是被他的舌头尝过的食物，其中每一种食材的处理方法，每一种配料和每一点瑕疵，他都能说得头头是道。

他的一双手也被业内人士称为"魔幻之手"，因为他做的美食看似寻常，却总有独特之处，许多大厨曾竞相模仿，但从来没有一个人能够做出与他做的美食一模一样的味道。

但是，他最神秘的地方在于，他是一个盲人。

江一帆年少成名，30岁在美食界崭露锋芒，获得了多项国际大奖，以及业界一片赞誉。但天妒英才，没多久，江一帆脑部被诊断出肿瘤，即使专家最后冒着风险将肿瘤取出，他的视觉神经却因长时间受压迫，导致视力几乎全失，只能感觉到模糊的光影变幻。

就在所有人替他惋惜，接着淡忘他的时候，他却在厨房里日复一日地练习起了厨艺。没有了视觉，他只能依靠触觉、嗅觉、听觉，然后在不断尝试以及失败的基础上积累经验。

当江一帆再度出现在美食界的时候，他凭借敏锐的味蕾、神奇的双手塑造了一个神话，当地的美食界趋之若鹜。

我为江一帆拍摄主题封面的时候，他正在厨房里做一道意式奶油焗面。近距离观察他发现，他的每一个动作都干脆利落，下手迅猛而准确，丝毫看不出他是盲人。

江一帆手指修长，但因关节突出而缺乏美感。他的手指上有几道白色的伤疤，他说那是他曾经练习切菜时留下的，而手腕上也有不少被烫伤的疤痕。难以想象，江一帆是如何做菜的，如何把握火候的……

拍摄间隙，我问江一帆："是什么力量支撑着你面对挫折也没有放弃？"

江一帆说，当手术结束，他睁开眼睛的那一刻，看到世界都是模糊的时候，他以为上帝跟自己开了一个残酷的玩笑——他再也体会不到不同食材搭配的魅力，享受不到烹饪的乐趣了，曾经最热爱的餐刀，现在反而成了随时可能自杀的凶器……他认为自己完了，梦想还没飞上云端就已经跌进了泥塘。

当他要继续练习厨艺时，亲人和朋友都劝他放弃，因为多少健康人尚且做不出美食，没听说过哪个盲人最后能成美食家的。

他在黑暗里安静地想了很久，将自己的人生重新梳理了一遍。他想到：在 30 岁之前，成为一名美食家是他的奋斗目标，并为此奋战了 13 年；而在 30 岁之后，他依然只想为美食奋斗。所以，他选择了坚守自己曾经的梦想。

江一帆的话让我深思了好久。外人看到的，只有他的天赋与成功，没人看到他付出的代价。他从来不需要别人的同情，但他值得每一个人尊重。

几天后，封面图片最终敲定，我选择了一幅黑白写真——在光与影的交织中，江一帆站在炉灶前面，手上的疤痕清晰可见，锅内的水沸腾着，白汽弥漫，一如他的人生执着而纯粹。

那一期的杂志销量很好，许多读者在线上留言称被江一帆的坚持打动了。他们基本都在说，仿佛又看到了曾经的自己和曾经丢在时光里的梦想——那最稚嫩也最热血的梦想，最终在现实与挫折面前重现了。

其实，大多数人从小就给自己定过目标，未来想做什么，想成为什么样的人。

我们在爱幻想的年纪天马行空地想象，但随着年龄越长，遇到的挫折越多，也就逐渐放弃了曾经的梦想，甚至连自我都发生了改变。而这一切，只源于以下几点：

1. 信念被困难击退。

2. 生活盲目，没有目标。

3. 成功迟迟不来，于是逐渐放弃梦想。

4. 对挫折妥协，得过且过。

其中最要命的是最后一点：当一个人面对挫折，抛弃了曾经的梦想，甚至抛弃了自己，那么，他所有的努力和坚持都会失去支撑点，一切也就都没有意义了。

吕艳最近被一段自己并不喜欢的感情缠身。

吕艳和男友是大学同学，两人一路艰辛走来，走过了五年的时间。彼此从青春走向了成熟，从磕磕绊绊到现在已成为一种习惯。两人为这段感情都付出了很多，也放弃了很多。

但是，吕艳最近却想放弃了。她说，她男友最近有点神经质，总是会无端地怀疑她，偷看她手机，偷听她的电话，甚至跟踪她——这些他曾经最不齿的招数，现在竟然在她身上实施了。

这一切根源在于吕艳的领导。

半年前，吕艳所在的部门换了一任新领导，三十多岁，长相俊朗，多金多才。他初见吕艳，就对她表达了自己的好感，无论在工作中还是在生活中，他都对她展开了强烈攻势。

一次，吕艳的男友在接她下班的时候，看到了她怀中的玫瑰，终于爆发了。于是，他就做出了吕艳抱怨的种种不恰当行为。

吕艳问我，她该怎么办？她清楚地知道自己爱男友，可是也清楚地感觉到感情经不起这样不断地猜疑。她想放弃，可是舍不得这几年来建立的感情；想继续，却已经筋疲力尽。

我对她说："每个人在选择一份爱情的时候，都会有自己的初衷，无论遇到什么，不要丢掉自己的初衷就好。"

吕艳不仅在感情中摇摆不定，工作也总是难以长久。

她曾经想做一名优秀的策划人，于是进入广告公司。在接手了几个广告文案后，因为创意不够，实践不了等原因被毙掉了，她也就放弃了。

后来，她想做一名摄影师，说要拿着相机走遍大江南北，看最美的风景，接触不一样的人，人生该多么丰富。可是，经过几次写真拍摄，她发现摄影根本没有自己想象的那么简单，光影的运用、补光板、滤镜片、画面构图、后期修图等一系列困难出现的时候，她又选择了放弃。

再后来，她尝试做过档案管理、活动宣传、软文编辑等工作。每一次开始，她都斗志昂扬地定下目标，可是常常没过多久，就因为在工作中碰到一些困难而选择放弃。

直到后来选择了现在的工作，每天安稳度日，她就很少再提起曾经的目标和计划了。

某天，吕艳问我，她为什么难以实现自己的目标，是因为目标定得太高，抑或是自己的能力太差？

我说："都不是，你只是没有一颗坚守梦想的心。"

坚守一颗有梦想的心，要做到以下几点：

1. 坚守自己对于梦想的初心，就不会在面对外界诱惑的时候动摇，也就有了坚实的力量去完成它。

2. 坚守就在于，面对挫折不放弃曾经的选择，不改变自己。

3. 坚守是对曾经的肯定。

4. 和自己的内心对话，了解自己本质的渴望。这样，坚守就有了目标，一切就有方向了。

面对挫折的时候，自己不曾感觉到孤独，是因为知道梦想迟早会来，于是就享受着追逐梦想的过程。因为坚守自我，所以不会因为挫折而轻易放弃和自我否定，不会在人生的路途上迷失自己。

坚守是抵达梦想的力量源泉，是面对种种挫折不放弃、不改变自己的勇气，是对自我的肯定。

大千世界，有的人在世俗与诱惑下失去了善良的本心，有的人在经历过人生的打击与磨难之后不再坚持最初的梦想，有的人经历了感情的背叛与抛弃不再相信真情……

所以，现下最难得的是我们依然能保持一颗纯真之心，追逐最初的梦。是的，只要保持初心不改，梦想必定实现。

在追逐梦想的道路上，我愿意坚守初心，努力狂奔。

7. 每个人都在极限中寻找新起点

生活就像吃火锅，里面煮的有金针菇、豆腐、羊肉……但你不知道下一口会吃什么，只能等着看哪些食材先煮熟了。

周星驰曾在《喜剧之王》中感慨："人，如果没有了梦想，那和咸鱼有什么区别？"

但是，生活中有多少人的梦想还未启程，并不曾被现实伤得鲜血淋漓就已经化为泡影了——阳光一照，"噗"的一下无迹可寻，亦如青春。

几个月前，我接到了小沐的电话。那边，她沉默了一阵后，说："老周，我想你了。"小沐的声音低低的，仿佛穿越了几年的光阴才传到我这里，裹挟着分别后的青春记忆。

大学毕业前一晚，我和小沐、李晨三人坐在校门口的面馆里，喝着啤酒指点江山，挥斥方遒。当时，小沐指着桌底下的空酒瓶大声嚷嚷："女人的鞋柜里永远要有一双高跟鞋，它能让你的脊背永远挺直，梦想当如是！"

那天，大家都喝得烂醉，酒醒后各奔东西。

小沐回到家乡后，并没有履行她曾经的豪情壮言，而是和相亲认识了三个月的男人结婚了。小沐说："干得好不如嫁得好，婚姻才是女人的第二次重生。"

后来，当早上我们饿着肚子在地铁里挤的时候，她在美容院护肤；当我们为了几千元的一单小生意而一次次忍受客户的非专业质疑时，她在精品店里购物；当我们被上司责骂的时候，她在日本泡温泉……

由于生活的差异越来越大，我们想象不到小沐每天是如何打发无聊的时间的，小沐也好奇我们为何总是感叹时间不够用，并且不理解我们为什么要那么拼命。

慢慢地，小沐淡出了我们的视线。

我在机场接到小沐的时候，她只背了一个小包，浅色的风衣微皱，精致的妆容遮盖不住眼底的疲倦。

晚上一起吃饭，小沐说："真好呀，仿佛又回到毕业的前一天了，我当时话说得那么骄傲，最后却对自己食言了。如果时光逆流，我应该不会……大概不会如此吧。"

小沐的老公是当地一家知名企业的董事长，当年他被小沐的年轻貌美吸引，小沐为他成功背后的光环着迷。两人闪婚后，男方依然出入各种纸醉金迷的场合，怀中莺莺燕燕不断。

小沐享受着老公带给自己丰富的物质享受，而对于他的种种传闻置之不理，全然一副宽容、大度的模样。两人的婚姻因此相安无事。

小沐说，只有在过节的时候，看到朋友圈里的情侣各种秀恩爱，而想到自己的老公还不知在哪个酒桌上，以及怀里是否抱着别的姑娘，她就会莫名地难过。但是，她不愿放弃物质的享受。

随着年龄的增长，她越发孤独了，看着镜中逐渐老去的容颜，空洞灵魂的背后是无尽的恐惧。

我问小沐："为什么不找份工作呢？"

"可是我什么也不会——我能做什么呢？"小沐一脸茫然。

小沐拥有英语八级证书，会做各种手工艺品，但这几年的生活腐蚀了她的才华，那个曾经骄傲得不肯弯腰，要独撑一片天空的姑娘，终于把自己变成了完全依靠男人而活的女人。

我问她："你还记得自己曾经的梦想吗？"

小沐摇摇头说："那么久远的事，早就忘记了。"

曾经，我们以为时间很慢，未来很遥远，梦想会触手可及。而后来，才发现时间转瞬即逝，未来那么近，梦想却成了奢望。

为什么那么多的人还未开始追逐梦想，就已经输给了现实？是因为：

1.虚荣心作祟。为了世俗生活中所谓的体面而放弃了梦想。

2.总是埋怨别人，将一切困难归结为资源配置少。殊不知，每个人一出生后就有了专属自己的牌面，我们永远不能抱怨牌面的好坏，只能将其打出精彩，因为人生是唯一的一场牌局。

3. 将一切失败都归为理所应当。生活中有太多的习以为常，于是逐渐淡忘了梦想。

4. 拖延症发作。总是日复一日地推迟梦想，导致梦想越来越远，直至最后放弃。

5. 自我妥协，再没有勇气去坚持梦想。放不下当前的岁月静好，承受不了追求梦想道路上的孤独与痛苦。

越努力越幸运，你不努力，连机会的尾巴都摸不到。

小沐问李晨的消息，我摇摇头，说当时一别好久再没联络了。但是，我没想到李晨会以另一种强大的姿态重回我的视野。

立春，整座城市都透着生命的活力，电视、网络上铺天盖地宣传着一场公益摄影作品展，主角就是李晨。

摄影展开幕那天，我去了现场，一幅巨大的海报挂在展厅中央，李晨对着镜头笑得张扬而纯粹，背景是蓝天和山崖峭壁——曾经，李晨说自己要走遍世界的每个角落，拍下每个令人心动的微笑。现在，她做到了。

那些照片中，有在大海中冲浪的美籍教练，有在高空跳伞的少年，有在雨天奔跑的学生，有在寺庙祈福的善男信女，有刚来到这个世界的新生命……这些人的脸上都带着幸福的笑，那种幸福是永远不可复制的瞬间，穿透相片来到了我们身边。

在摄影展上，我见到了李晨。几年后，她身上增添了一种让人欲罢不能的神秘力量——那是她曾经走过的路、遇见的人、看过的风景。

李晨说，分开的那几年她一路走走停停，去了很多地方，做过餐厅服务员，也当过教师。在无际的大海上遇见过风浪，在雪山之中看过苍鹰……见识到了生命的渺小，也领略了生命的伟大。

她也曾一天吃过一片面包，因为在野外露营时遭遇恶劣天气没有办法继续前行。她不是没想过放弃，或者停下来好好休息一下，可是追逐梦想的脚步总是难以停下来。如果注定要失败，她希望自己输在追求梦想的路上，而不是向现实妥协。

她说，全世界每一个角落都会有人微笑，而自己渴望收集这些瞬间，用镜头留下它们，等到时光老去，再回首也就变成自己的幸福了。

李晨是幸福的，她在追求梦想的路上一路狂奔着。其实，我们也能够做到这样，那就记住以下几点吧：

1.希望每天叫醒你的是梦想。生活有了奋斗目标，每天睁开眼的那一刻，你就会激情满满！有时候坚持那么难，是因为从来没确定需要坚持的方向。

2.希望你的梦想不会被别人偷走。在追求梦想的路上，能够坦然面对一切外界的诱惑，不被世俗打扰。

3.希望你被梦想牵着，而不是被生活推着。当一切事情你都想主动去完成时，那么，梦想也会主动向你靠近。

4.希望你有为梦想破釜沉舟的勇气。梦想那么昂贵，希望你能倾心倾力。

5.希望你告别"安稳"的生活，不再拿"平淡是真"当借口。最怕你一生碌碌无为，还安慰自己平凡可贵。

6.希望你把每一天都当作最后一天过。

永远不要期待下一次。

遇见心爱的姑娘，不要总是想着下一次再表白而迟迟不肯行动，于是，眼睁睁地看着姑娘嫁给他人而追悔莫及。

看到心爱的物品，想着下一次再买，可是想买时货已售罄。

计划着下一次有时间就去旅行，于是永远到不了远方。

我们把一切都寄托给了下一次，下一次就牵手，下一次就出发……但如果把下一次都改成这一次——这一次遇见喜爱的姑娘就表白，这一次想做的事就去做……不行动，你永远不会知道结局是什么。

希望在追求梦想的道路上，你不曾感到害怕——我们对未来的恐惧，多半是因为未来的不确定性。梦想也是如此，但只有勇敢前行，才能到达目的地。

不认输，不怕孤独，不轻易放弃，永远执着地追求自己的梦想。

生活就像吃火锅，里面煮的有金针菇、豆腐、羊肉……但你不知道下一口会吃什么，只能等着看哪些食材先煮熟了。

越努力越从容，即使最后我们没有攀上人生顶峰，可在半山腰上我们依然可以坦然地俯视身后的路，不后悔，也不遗憾。毕竟，在追逐梦想的路上，只有前进了才会知道下一个路口等待我们的会是什么样的惊喜。

辑 3

自我情绪管理：
来自陌生人的体谅，总是很煽情

· ·

其实，人生中总会有想吃的美食没有尝尽，想看的风景没有看透，想爱的人没机会爱够，想走的旅程没有走完……但我们也不必在回忆里缅怀过去，哀叹与人生的美好擦肩而过。

有多少人因为不曾得到而成了永远的"心头好"，有多少人说不出哪里好，但就是谁也替代不了。

1. 有些人说不出哪里好，但谁也替代不了

在生命这条路上，我们不得不承认，有些人，错过了就是一辈子的事。

"想得却不可得，你奈人生何；想得却不可得，情爱里无智者。"李宗盛在《给自己的歌》里三言两语就唱出了爱情的遗憾和无奈。

在人生的种种选择中，我们注定会有遗憾，但遗憾过后，生活要继续。

刚进工作室的门，前台的小姑娘就对我说："周老师，有人在办公室等您。"

来客是一位二十七八岁的姑娘，全身洋溢着青春的气息。看到我推门而入，她几乎从沙发上跳起来，双手胡乱摆了两下，然后咧着嘴笑。

我一时想不起来她是谁，在我不知道问什么的时候，她先开了口："周老师，我是杨葵，你还记得吗？"

记忆瞬间被唤醒。那一年，工作室尚未成立，我在网上接单，而杨葵是我的客户之一。当时，杨葵和她男友手找到我后，语出

惊人，说要拍一组"分手相册"，纪念他们即将逝去的爱情。

杨葵是来自新加坡的交换生，却爱上了家在本地的同班男生。经过一场轰轰烈烈的爱情追逐战后，杨葵俘获了男友——一个是温柔爱笑的男孩，一个是阳光可爱的姑娘，两人迅速卷入爱河，谁也没考虑过两年后如何面对那场终将要发生的别离。

杨葵课业结束就要离开了，而男友也不会抛弃学业、事业追随她而去。

那是大三暑假前一个月，也是她在这里学习的最后时间，以后他们要面对的是遥远的距离……两人商量好了，放假就分手，彼此都不做任何挽留。

他们在图书馆牵手，在湖边拥抱，在夜色里接吻。他们穿情侣装，用同一款水杯，走路保持统一的步伐，说话用同一种音调。他们就像是一对热恋中的情侣，谁也想不到这是分手前的最后温存。

我用了将近一周的时间，记录下了他们真实的日常，并将这组照片取名为"飞鸟和鱼的爱情"。

毕业后，杨葵在新加坡找了一份工作，但是三年过去了，她始终是一个人。身边的人来来往往，她也不是没有遇见比前男友更贴心、更温柔、更好的人，可始终还是难忘曾经的他。

杨葵说："其实，他也不是那么好。恋爱的那两年里，我们也曾为小事而争吵过。我也为他缺乏包容而难过，为他不成熟而哭泣……可即使这样，我心里依然放不下他。

"我会因为在路上看到很像他的背影而愣神，会因为一个很像他的声音而欢喜，会因为回忆曾发生过的琐事而捧腹大笑……这份感情在被时间压缩后再次捧出来，依然鲜活。"

我虽然并不对杨葵这一次的回归抱有多少期望，却也依然祝福她。

两天后，她再次出现在我的工作室。她很失望，因为那些曾发生在童话故事里的浪漫情节并没有降临在她身上。

杨葵远远地看着那个曾属于自己的白衣少年成了别人的丈夫，内心曾做的各种猜测全部崩盘，于是再也没有理由坚持了。"周老师，我要回去了，也许还是忘不掉他，但总会过去的。"

三个月后，我收到杨葵从海岛寄来的明信片，上面写着："我依然遗憾没有和他牵手走到最后，有些人错过了就是一辈子。"

她的言语浅淡，但看得出来，她虽有不舍，却终于懂得放下了。其实，爱情里如果没有遗憾，又怎么值得铭记。

曾经想和你牵手看的风景我自己看了，想和你尝的美食我自己吃了，想和你练习的潜水我自己学会了……然后发觉，原来离开你之后，我并没有颓废到放弃，生活依然在继续。也许，我会留有一些遗憾，但没有后悔。

在生命这条路上，我们不得不承认，有些人，错过了就是一辈子的事。

其实，有些人之所以难以替代，是因为他本身承载着我们的遗憾。岁月不断消逝，回首过往，我们不得不承认，这些遗憾的本质其实没有那么深：

1.因为得不到，所以放不下。白月光和饭米粒、朱砂痣和蚊子血，得到的逐渐被淡漠，遗憾的逐渐被铭刻。

2.怀念的也许并不是那个人，而是他给的曾经。

3. 因为心有不甘，所以不愿把他从心底清除。

4. 得不到的遗憾像是一种失败，不愿被承认，更不愿被替代。

5. 遗憾的本质不是注定的别离，而是你曾经没有冲动过。总幻想冲动一把，看结局是不是就会不一样，但再也没机会验证了。

　　我将杨葵的故事说给郑琦听的时候，她刚刚结束了 25 天的恋爱，再次回到单身贵族群体里。

　　郑琦的初恋发生在大学校园，并一爱三年。初尝爱情滋味的郑琦，爱得刻骨铭心，她和初恋之间的每一次对话，每一次行动，都堪称"校园爱情指南"。

　　可就是这样的爱情，最后也难逃分手的厄运。

　　时光荏苒，五年过去了，郑琦的初恋早已经物是人非，情不知所归。郑琦却依然难以重新开展一段爱情。表面上，她口口声声说早已放下了，却还是情不自禁地拿身边的人和初恋进行比较。

　　结果，幽默的嫌不如初恋稳重，沉稳的嫌不如初恋风趣，长相俊朗的嫌不如初恋有男子汉气概，有男子汉气概的嫌没有初恋儒雅……周而复始，郑琦始终是一个人，依然在感情的世界里跌跌撞撞，寻不到出路。

　　我曾问她，到底什么时候才打算放过自己，也给别人一个机会。她摇摇头说："不知道。明明我也说不出他到底有多好，可为什么总是没有人能替代得了？"

　　哎呀，傻姑娘，哪里是不能替代，只是你自己不愿放弃。其实，如果注定要留有遗憾，不如告诉自己曾经努力过。

　　遗憾可以有很多种，遗憾机会的失之交臂，遗憾岁月无情、沧海桑田，遗憾爱情的爱而不得，遗憾那个人早已离开，而自己还沉湎于过去。

人生中，想要少一点遗憾很简单，只需要懂得下面的小道理：

1. 顺从本心，冲动一次。人生需要深思熟虑，偶尔也需要冲动。

2. 大踏步向前，别在回忆里继续迷失。擦肩而过的爱情只属于别人，得到的才最温暖、最幸福，最值得珍惜。

3. 干脆利落是一种态度。挥别过去，也是对未来负责。

4. 爱情里，很感谢你能来，不遗憾你离开。给彼此留下最初的美好，或许是最好的相处方式。

5. 有些人的到来，是人生中最美丽的意外。人生处处有拐角，猜不透在下一个拐角会遇见谁，谁又会离开——但无论如何，这些人的到来，都是人生中最美丽的意外。

6. 正视遗憾，欣赏遗憾。也许只有经历过遗憾，才能将那些自以为熬不过的痛苦抒发出来。

其实，人生中总会有想吃的美食没有尝尽，想看的风景没有看透，想爱的人没机会爱够，想走的旅程没有走完……但我们也不必在回忆里缅怀过去，哀叹与人生的美好擦肩而过。

有多少人因为不曾得到而成了永远的"心头好"，有多少人说不出哪里好，但就是谁也替代不了。

2. 这不过是你的一厢情愿

我们每个人都渴望遇见一场不分手的爱情，却并不是每个人都能有这份运气。但愿这份不分手的爱情，终究不是我的一厢情愿。

谈一场不分手的恋爱，这是绝大多数人对爱情的美好憧憬。但真相往往令人唏嘘。毕竟，爱情从来都是双人游戏，过了保鲜期，再美好的爱情也可能会收尾。

深秋的夜里，小语的男友给我打电话，嘱咐我去接小语回家。

我赶到的时候，小语歪坐在路边的绿化带里，脸上一片冰凉。见到是我，她笨拙地想起身，但也许是坐的时间太久，或者是草地太凉，她双腿无力地晃了晃，终于摔倒在一旁。

小语和她男友住在我的公寓楼上，两人合开了一家摄影工作室。开始我在出外景的时候，和她遇见了几次，几番交流熟络了不少，后来发觉竟然是邻居，来往逐渐频繁。

因为工作关系，我的生活常常无规律。小语极力主张三个人凑一起吃饭，那样，饭菜会更丰富，也能帮助我把生活过得规律一些。

小语十分怕冷，冬天总爱吃热腾腾的面条，所以客厅里总是飘着浓郁的砂锅香菇面的味道。

小语的男友却爱吃冷面，即使冬天也一定要在面中放冰块，加上麻酱、黄瓜丝、豆芽做配菜。这面看着很有食欲，小语却避之不及。我尝了几次，终于还是因为太凉而作罢。

小语曾扳着手指，跟我说过他俩注定要一辈子在一起的证据，比如："我爱吃热面，他爱吃冷面；我性格活泼，他性情沉稳；我做事果断却难免有疏漏，他却温柔如水，心细如发……都说性格相似的人会成为玩伴，唯有性格互补的才能成为终身伴侣。所以，我俩注定要永远在一起。"

小语说这些话的时候，她的男友虽没补充什么，却也是眼神如水般地对着她微笑。

他们二人之间唯一的矛盾在婚姻问题上。

小语不止一次地说起，她想结婚了——作为二十七八岁的姑娘，况且漂泊在外，她渴望婚姻能带给她心灵上的安全感。男友却总是逃避，害怕婚姻会给双方增加太大的压力。

一次喝醉后，小语又一次逼问他什么时候娶自己，男友借口躲了出去。我出去的时候，他正靠在墙角吸烟，前额的头发遮住了眼睛。

"周老师，这里的工作室也发展不起来，我家人催我回家了。父母在家乡给我找了份安稳的工作，也帮我介绍了个家境不错的女孩，想让我回家结婚。"

"小语知道吗？"

"我没敢告诉她。我爱小语，只爱她一个人，但我不敢和她结婚。"

"……"

仿佛有一枚炸弹，只要一点星火，就可以瞬间爆炸。但我没想过，结局会来得那么快。

一周后，小语的工作室因为误接了一个单子，造成的损失让两人的资金有点捉襟见肘。

沉重的现实拷问着他们的感情。小语摔了遮光板，撕了无影灯罩，然后和男友说了分手。

最终，在这段感情里，小语的男友做了逃兵。他坐火车离开的那天，我去送了他。小语托我带给他一封信，里面只有一句话："多想奋不顾身地抛下一切和你走，却发现你未来的规划里没有我。"

小语坐在客厅里吃着一碗冷面，面没吃完，眼泪就落了下来，然后她从小声抽噎到后来哭得声嘶力竭。

"周老师，其实一周前的那个晚上，我并没有喝醉，他和你说的那些话，我都听见了。既然他想走，我就给他一个理由，因为我爱他。但是，我从此再也不会原谅他——明明当时说好的要永远在一起，可最后他还是没有坚持下来。"

"放手吧，就好像这碗冷面，勉强吃下去也会伤身。"

看着在爱情深海中挣扎的小语，就好像看着年轻时候的我们。

青春里，谁没有爱一个人爱到痴狂。随着那个人的离开，心像是被一片荒原覆盖，大风刮过，呼啦啦作响。

那个时候的我们，对爱情的理解总是一厢情愿，也总是一味地付出深情，却不了解这些道理：

1.分手时，我们不肯松开双手的模样真的很难看。爱情里，两个人的坚持是深情，一个人的坚持是傻。

2.时间无情，人心善变，没有实际行动的承诺就像一朵花，美则美矣，却总有花期。

3.真正能陪我们到最后的只有我们自己，哪怕是父母都会提前离开我们，更何况是半路遇见的爱人。

记忆里，有一个叫周冰的姑娘也曾抱着我大哭。

周冰是性格如阳光般开朗的北方姑娘，在新生庆典上和男朋友一见钟情。于是，校园的各个角落都曾留下他们的足迹，我也见证过他们二人之间的感情。

四年里，两人之间有过争吵，更多的却是甜蜜。

就在身边人都以为他们注定要迈入婚姻殿堂的时候，男友却不告而别。那个曾经对她说着海誓山盟的男生去了澳洲——没有误会，没有争执，甚至没有一声告别，周冰就这样被抛下了。

楼外，毕业生在放纵、狂欢；而楼内，周冰极力抑制着抽噎声。第二天，周冰微笑着和我们道别了。

再次遇见周冰的时候，是在百年校庆典礼上，她已经是别人怀中的娇妻，说起往事时一脸明媚——曾经的忧伤在她身上看不见一点痕迹，甚至还和再次重逢的前男友碰了一杯酒。

我问周冰，是否还恨着那个曾经抛下她的男人。

周冰说："为什么要恨他？感情是一场双人游戏，说好的不分手，只怕是我自己的一厢情愿。不是每一段感情都一定能走到最后，也不是每一个承诺最后都能兑现，珍惜当下就好。"

我惊叹于周冰的豁达，却也明白她说得很有道理。

多少人为了爱情伤人伤己，痛彻心扉。他们沉迷于过去不能自拔，苦守一份承诺，想不明白昨夜还海誓山盟的恋人，今朝为何就已分道扬镳，却不知道，爱情除去那层浪漫的表面，留下的才是它最真实的模样。

面包过期就别吃了，矿泉水过期就别喝了，承诺过期就别信了。你要知道，男人在许诺的那一刻是真的，在分手的那一刻也是真的。

我们每个人都渴望遇见一场不分手的爱情，却并不是每个人都能有这份运气。为了碰到这份运气，我们要做的其实很简单：

1. 相信每一份承诺，也理解每一次分别。要知道，我们以后会走很多路，遇见很多人，曾经令自己不愿提及的往事，褪去了鲜艳后，你会发觉也不过如此。

2. 记住那些美好，然后大步向前走。我们声称的最美好的岁月，其实都带着痛苦，只是事后回忆起来的时候才倍感幸福。

3. 对自己的未来认真负责。我们只有认真起来，才有足够的好运遇见另一个认真的人。

4. 不要把不甘心当成你还爱他。不甘心是生命中的慢性毒药，会迷惑自己坚持一份错误的选择，到头来却发觉空无一物。

也许有一天，你不会再去看他的微博，看他的朋友圈，不去好奇他过得好不好；不再奢望久别重逢的惊喜，路上偶遇也只是淡然一笑，而后擦肩而过；不再刻意逃避有关他的话题，也不会故意提及，不再时不时想起他。

那时，你才会发觉，原来你已经接受了生活中没有他，未来也不会再有他的事实。而曾经说好的不分手，也就能坦然置之了。

在爱情里，我们能做的都很有限，但愿每个人都能守住一份坚持，爱他，也爱自己的坚持。

我们愿意相信站在自己身边的他，的确是想要和我们一起走下去，即使最后不得不离开。然而，正是这一次次的分别，才促使我们的内心逐渐强大。

所以，感情让人成长，我们能做的只是抓住瞬间，珍惜眼前，不去幻想。

你迟早会与他人携手，我也会依靠在别人的肩膀对你微笑。这一切都与你我无关了，你哪里都好，只是你我无缘到老。

但愿这份不分手的爱情，终究不是我的一厢情愿。

3. 爱逞强，你的能力不一定强

男人喜欢女人的小性子，本质是渴望在对方身上寻求一种安全感，而这种安全感源自被需要的客观存在。

只有弱者会逞强，强者都会示弱。

但不知从什么时候开始，女汉子、女强人这样的流行词出没在生活的各个角落。各个领域中的女性面对竞争不遑多让，付出与所得也绝不比男性少——女性再不是"攀援橡树的凌霄花"，依附男性不再是她们的追求。

　　但是，女性一味逞强，真的好吗？

　　前段时间，做外景拍摄时路过母校，大学舍友叶秋约我一起吃饭。我俩有说有笑，饭也吃了，酒也喝了。

　　我们天南地北地乱侃了一通，我准备离开的时候，她突然一脸悲色地说："老周，我离婚了。"

　　叶秋是我们宿舍中第一个结婚的人。刚结婚那几年，老公被公司调任外地任区域经理，叶秋就申请了留校任教。工作上，各类实验论文满天飞；生活中，大小事宜也都是她一人操持。在她的照顾下，双方父母和孩子毫无怨言。

　　今年春天，她老公终于调回了本市，她也升为讲师，孩子送进了学校，一切都开始井然有序。但就在我们赞叹她家庭事业双丰收的时候，她却离婚了。

　　叶秋说："前几年他不在身边，我不敢生病、不敢懒惰、不敢停滞不前。那时候，我每天如同上了发条的机器在不停运转，于是常常感叹：他在就好了。

　　"可是如今他回来了，我却难以习惯有他后的生活。明明是最亲密的枕边人，我却觉得他很陌生。无论精神或生活，我似乎已经不需要他了，也不再愿意去依赖他了。我知道问题出在我身上，可我真的不知道该怎么改。"

　　我看着她略显憔悴的容颜说："别逞强了，其实你需要他，只是你不知道如何示弱罢了。"

　　我们身边有些女人，明明有老公，却在婚姻中活得像个"单身狗"——可以一个人吃饭、一个人逛街、一个人带小孩。老公要接送孩子，她不放心；老公想做家务，她不想劳烦他；老公去接她下班，她觉得多余；甚至出差后回家，老公提议去机场接她，她也回一句："机场大巴方便得很啊，不用你大老远地从市区开车过来再开回去，我很快就到家了……"

在她身边的老公，听的最多的话是："你不用管""没关系，我来""我可以""反正你也做不好"……久而久之，老公在家里成了一个客人，甚至一个外人，无处插手，无所适从。然后情感淡薄，婚姻出现裂痕，最后夫妻分道扬镳，相忘于江湖。

其实，恋人也好，夫妻也好，增进感情的方式之一，不就是彼此需要、相互麻烦的吗？难道大家的共同心愿，不是"如果我死了，你依然过得很好；但只要我活着，你就不能没有我"吗？

网上流行过一句话："你这么成熟懂事，一定没什么人疼你吧？"不知这句话戳痛了多少人的心窝，但他们还死不承认。

生活中，越来越多的姑娘选择了单身，或者被迫选择了单身。这样的姑娘，大多是那些所谓的好姑娘，她们有的知书达理，善解人意，上得厅堂、下得厨房；有的多才多艺，琴棋书画无所不能；有的堪比"拼命三娘"，事业蒸蒸日上。她们中不乏面容姣好，家境优渥，学历不俗之辈。

但就是这样一群姑娘，愣生生活成了女汉子，她们既可赚钱养家、做菜养花，也可修理电器、换爆胎。她们都有一个共同的特点：单身太久，习惯并开始享受一个人的生活。

单身太久的姑娘，都有这样的通病：

1. 生活圈子小，丝毫不懂主动，总想等着别人来追。每天按部就班地工作，却告诉自己岁月静好。

2. 怕深情被辜负，怕假意对不起别人。不喜欢的人，不愿再给一丝机会；喜欢的人，怕自己会受伤。

3. 自己可以过得很好，何必多一个人而徒增烦恼。

4. 刻意逞强，一个人能熬过所有苦难，也就不期待和谁在一起了，渐渐地，不会麻烦他人，也不愿麻烦他人。

5. 或者，她们心里藏了一个人，并将自己活成了他想要的样子，却在多年后相忘于天涯，各自安好，互不打扰。

这样的姑娘，在被问及为何始终单身的时候，一定煲好了大锅的心灵鸡汤来应对，例如："不愿为了婚姻而随意将就""与其嫁给无爱的婚姻，不如一个人享受孤独""单身是最好的升值期""是我的跑不掉，不是我的抢不来""爱情只是生活的调味品，有了更好，没有也死不了人"……

偶尔，会听到有些姑娘说，等不到一个爱的人来结束单身。可是，姑娘们，你们根本没有给爱情站在你们身边的机会——有时候，不是缘分还没到，而是你从来不想要。你坚强了太久，于是再也学不会脆弱了。

我们在单身的时候让自己变得更加璀璨，是为了能够遇见更好的爱情；努力赚钱也是为了有一天不必为了钱而和谁在一起，不必去纠结选择爱情还是面包，不必担心对方足够优秀而自己太过平凡……

但这一切，并不是你选择逞强永远单身的理由。

颜良是我们圈子里有名的单身贵族，家境优渥，长相俊朗，能力不俗，二十几岁就成立了自己的公司，甚至还得到了风投公司的投资意向。

后来，颜良结婚了。新娘长相普通，能力一般，站在颜良身边，平凡得如同月亮旁边的星星，可以忽略不计。

我们都在纳闷，这样普通的一个姑娘怎么会将颜良俘获？

身边一个单身的姑娘直接问道："颜良，我自认为条件也不差呀，颜值、身材都有。在外，单枪匹马可以拿下百万订单；在内，煲汤、沙拉、烤蛋糕也略通一二，洗衣拖地干家务，杀毒装机修电脑，新时代好女性的属性、技能，我都具备——可我怎么就没入你的眼呢？你给点建议，我改了好寻找桃花运。"

颜良笑了笑，说："其实她的脾气一点也不好，还有各种小性子、小心眼。可是，站在她身边，我感到自己有一种被需要的成就感。"

那位单身姑娘顿时哑口无言了。

一个人过得太久，于是所有磨难都只能自己承受，当铸就金刚不坏之身，渐渐就会忘记自己是一个女人，需要被呵护——那些小心眼、小性子在社交中慢慢地被打磨干净，示人的永远是坚韧不屈。

甚至，有很多姑娘明明心软，却表现出一副铮铮铁骨的样子，极少向男人求助，从不在人前哭。殊不知，男人其实很难爱上这种女人，一来觉得在她面前无用武之地，二来看不到她动人的一面。

男人喜欢女人的小性子，本质是渴望在对方身上寻求一种安全感，而这种安全感源自被需要的客观存在。这就如同林妹妹流露出的各种小性子，也常常让"宝二爷"欲罢不能。

遇见喜欢的人不敢依靠，碰到困难不敢寻求帮助，想哭的时候不敢大声哭，在可以放纵的年龄始终谨慎行事……这所有的所有都表明，你终究是因为太逞强了。

爱逞强的姑娘身上，有一点最可气，就是当她们遇到情敌的时候，往往会摆出一种不争、不抢的范儿来，心里还会想：真爱不是抢来的，如果他爱的是我，根本不会在乎别的选择。

可是，姑娘们却不知道，男人可以同时爱上两个甚至更多的女人，而他们最终的选择往往根据的是"看谁更需要我"！于是，那些所谓优秀的姑娘反而被抛弃了。

他看到的是你挺直的腰背、你绝世而独立的样子，你回到家里就算哭破了喉咙，他也看不到。所以，姑娘，别傻了，宽容可以运用到一切情感里，唯独爱情不能。

爱的心思，一定比针眼还小。如果你爱他，不妨多一点小心眼，让他感觉被需要，那就这样做吧：

1. 你爱他，所以你可以要求他 24 小时待命，可以对他找各种麻烦。

2. 爱他时的心思，可以比针眼还小。可是，不爱他的时候，你也会一别两宽，各自天涯。

3. 尝试着抛弃大女人论调，做个小心眼的小女人，真的有那么难吗？如果你回答"有"，那么，从你生病的时候开始尝试吧。

4. 试着虚弱地请求吧。请求他帮你倒一杯水，请求他下班后接你回家，请求他陪你一起看剧。

5. 试着麻烦对方为你做一点小事。即使他不会，即使他速度很慢，也可以交给他，你需要的只是在他完成后，毫无保留地崇拜与赞扬他。

6. 试着多用询问的语气。在一起时，学会依赖他，哪怕离开他，你依然是骄傲的女王。

7. 在生活中笨一点没关系，比如让他来拧果汁的瓶盖，取书架高处的书。

8. 试着恶作剧，比如拨打他的电话，说现在紧急需要他的帮助。

9. 试着小心眼，比如故意吃醋，让他花心思去哄你。在这个过程中，不一定仅仅是你一个人在享受。

慢慢地，在这样的情境表达里，你会找到小女人的角色。同时你也会发现，原来指使对方为自己做事的感觉竟然这么爽，原来自己的男朋友除了抽烟喝酒打游戏外，还有这么多功能。

早知如此，何苦把自己活成女汉子！

一旦他习惯了为你付出，牵挂你，你就连偶尔逞强都成可爱了。要知道，有时候，女人哭红的双眼比故作坚强更能打动人。

4. 陪你倒数，醉生梦死也好

有生之年，你若能遇见一场让你奋不顾身的爱情，不要找借口，不必说理由——只因他的一句想念，就可以穿越城市去见他，敲开门，说一句："我来了。"

鲁迅说："悲剧（是）将人生的有价值的东西毁灭给人看。"所以大家觉得，悲情的故事更动人。

其实不然。

我们其实更愿意接受美好的东西，就像春天枝头上长出叶子、鸟儿舞动翅膀、微雨后的阳光……这些美好出现在我们的世界里，即使岁月更迭，换一拨人看，依然能触动心弦，惹人心醉。

这就好像电视剧《一吻定情2》中琴子对直树的爱情，她日复一日地爱对方，日复一日地做尽了一切能为他做的事，而把剩下的都交给了时间，于是岁月从不曾辜负深情，有情人终成眷属。

在饭桌上，我和一位年长的朋友梅子聊到这些时，我对琴子对爱的无畏、固执评价很高。那时，梅子转着无名指上的戒指，叹了一声气，说："别傻了，世界上哪还有那样的爱情。"

梅子接着说："我和我老公就是这样。假如说我们的感情里少一些坚持，少一点感动，或许就能分清楚习惯和爱的区别。"

其实我明白，梅子和她老公一见钟情，她用尽一切手段，才使得两人终于结合。周围人都在艳羡她如愿以偿，却不知道她为了维系这份婚姻在背后付出的辛酸。

为了能让他爱上自己，梅子洗掉了精致的妆容，脱下了高跟鞋，剪了短指甲，洗手做羹汤。一名名牌大学的优秀毕业生，放弃了她曾经最热爱的工作，主动默默地站在老公的背后，为他提供生活保障，将家庭打理得井井有条。

老公的事业蓬勃发展，梅子自以为这就是琴瑟相和。

后来，她关注时尚，出入高端会所，结交了一些全职太太，融入了那个曾经距离她很遥远的所谓贵夫人圈子，而远离了工作中那些烦琐的代码，忘记了那些枯燥的数据：在老公撑起的那片天空下，她活得很安逸。

但是，苍鹰注定要在天空飞翔。

夜深时分，看到朋友发在朋友圈的职场消息，梅子也会蠢蠢欲动。那一刻，她才明白，原来自己对职场还是充满渴望。但借着月光看到身边老公安静的睡颜，她又觉得自己的付出有了意义。

一年前，梅子跟着老公出国旅游。在飞机上，她看到老公和几位陌生乘客相谈甚欢，却与自己一路相对无言。

梅子很惊诧，他们两人很久没有好好说说话了，仿佛自她的生活只剩下柴米油盐后，两人越走越远了。她也曾安慰自己，即使一切都在变，唯一不变的是她对老公那份十年如一日的感情。

但她没想过，在她保持不变的时候，老公最后变了。

"爱情里，你永远无法打动一个不爱你的人，一个人的坚持到最后只是一场笑话。"说起这话的时候，梅子哭得一塌糊涂，而她的包里装着离婚协议书。

再也不用对这份爱情患得患失了，不用深夜起床为他煮一碗面了，不用记得面包要涂花生酱，煎蛋要单面煎了……那些生活中的点滴，至今刻在她的言行中，现在却已经没什么用了。

我们都知道，爱所祈求的唯一礼物就是被爱，但并不是谁都能得到它。梅子醉前说的最后一句话是："如果可以，我再也不要爱他到迷失自己。"

"爱他到迷失自己"——你以为人生最糟的事情是失去了最爱的人，其实是你因为太爱一个人而迷失了自己。看看下面这几点你曾经是否也这样做过：

1. 爱他的同时，忘记分一半爱给自己。忘记分一半爱给自己，于是忘记了当初他爱上自己的原因。

2. 总是在错误的路上执着。路的尽头也许是死胡同，但不走的话，仿佛会后悔。

3. 帮着他欺骗自己。爱他太久，宁愿骗自己也不想失去。

4. 不敢放弃。漫长的时光耗费在爱他这件事上，放弃就等于放弃曾经，于是不断迁就对方、勉强自己。

梅子说，再不要轰轰烈烈的爱了，宁愿寻一份平静的爱，哪怕平淡如白开水，也不要再为它肝肠寸断。

但我想，在有生之年若还能遇见一场让你奋不顾身的爱情，肝肠寸断有何不可？

不知从什么时候开始，我们对待感情愈发冷静，仿佛随时准备在一场爱情里抽身而退——即使分手，也能随意拍拍衣角，挥挥手说一句再见。

在这个世界上，我们仿佛得了一种爱无能的病，所以面对爱情会小心翼翼。

也许是被爱得太深，也许是见惯了悲欢离合，我们用"爱他但更要爱自己"这样的语言安慰自己，然后在每一次付出的同时，用一架天平仔细衡量得失的多寡。

谈一场恋爱，我们仿佛在进行一场征战：对方前进一步，我们小心后退一步；对方后退一寸，我们瞬间如同炸毛了的猫，一秒就不见了踪影，宁愿从来不曾得到，也不敢轻易尝试。

那个单纯为了爱而努力，不计结果的青春时代仿佛已经过去。于是我开始好奇，那些性格比较轴，认定的人或事坚决不放手的人都去了哪里，他们的生活是否如意。

很幸运，这个问题我很快就找到了答案。

城北一家西餐厅新近开业，我因工作原因去取景。小单到的时候，我已经完工，正在喝着咖啡。

"多年不见，你始终在摄影这件事上不将就。"

小单曾经跟我同事，当时她狂追一个男孩，而她的疯狂事迹成了同事口中津津乐道的热门话题。

几番闲聊后，我才知道，原来小单已经结婚，而她老公就是那个曾让她痴狂到难以自拔的男友。

"你会为了爱他舍弃你现在拥有的吗，比如事业、爱好……"

"不会。我虽然爱他，但不代表要迷失自己。曾经的我不害怕他不明白，只害怕他装糊涂。而现在，爱他已经成了我的习惯——他爱也好，不爱也罢，我的这份感情始终就在那里。虽然这份坚持很辛苦，但我却甘之如饴。"

"其实，他向我求过两次婚。第一次，他说他自己被我感动了，但我拒绝了他。我爱他，虽然不是全部与他有关，但一定与感动无关。我付出的是爱情，那么也一定要有真情来换——用感动换来的爱情注定不会牢固，因为并不是每一场遇见都是一见钟情，日久生情也很不错。"

曾经，小单在感情里一无所获的时候，身边的人都问她："值得吗？"小单的回答很朴实："哪有什么值得不值得，爱他的时候付出了全部，也就不会考虑得失了。"

在感情的世界里，我们或许也会遇见同样的问题：他会不会爱上自己。我们对爱情患得患失，不敢主动提及付出，说些什么——我们在心里已经与他走遍了感情的全过程，现实中却不敢主动牵他的手。

所以，在付出全部自己的同时，一定要问自己这几个问题：

1. 是不是非他不可。不必为了一个人而改变自己，他爱你，你怎样都好。

2. 是想短暂地占有，还是想长久地呵护。爱分为很多种，一闪即逝是爱，千山万水也是爱，但无论是哪种，总得看清自己的内心。

3. 你的毅力足以支撑自己坚持下去吗？爱情里坎坎坷坷，只有两个坚定的人才能走到终点。

4. 他配得上你的坚持和努力吗？

5. 如果不合适，千万别将就；如果深爱，千万别放弃。

有生之年，你若能遇见一场让你奋不顾身的爱情，不要找借口，不必说理由——只因他的一句想念，就可以穿越城市去见他，敲开门，说一句："我来了。"

心灵的相悦，才是爱情真正的意义。

5. 一句"我在"，世界不再孤单

只要有想见的人，就不再是孤身一人。

最近，我被绿川幸的漫画所吸引。孤单的青春少年，天生温柔，却因能看到旁人看不到的风景而烦恼——他的世界里不仅有人，也有妖怪。那么深切的孤独，长久却又轻柔。

他就像是在尘世间行走的我们，保持着独来独往的个性，扬着无畏的笑容，用下意识的伪装来抵抗寂寞。他说："只要有想见的人，就不再是孤身一人。"他在寻找一个人，与他相互抚慰，要在岁月里慢慢变得坚强。

其实，每个人都有一段故事，说出来足以让人心碎。但我们依然要相信，注定有那么一个人存在着，他会让你不再孤单。有吗？

我把这些讲给未生听的时候，她已经在客厅里吃了五包零食，喝了一瓶橙汁，哭了三个小时，用了两包抽纸，中途去了四趟洗手间。但她依旧荼毒着我的耳朵：别被骗了，防火防盗防闺密才是警世恒言，古人诚不我欺呀！

我终于忍不住，递给她一记白眼："未生，你真的是在缅怀自己的爱情，祭奠友情吗？你只是恼怒自己识人不清。"

几个小时前，未生在宿舍楼梯间见证了男友和闺密的接吻。那一刻，她同时失去了爱情和友情。

未生是在一次租房时认识的所谓闺密，吃了一顿饭，交流了两个小时，两个姑娘瞬间抱在了一起。后来，未生兴高采烈地告诉我，那种感觉很奇妙，就好像遇见了另一个自己：喜欢同一种口味的饮料，爱穿同一种颜色的衣服，甚至喜欢同一种类型的男人。

未生说，那是一种很难描述的体验，不是同性恋，却亲密无间。

未生有一个交往两年的男友，两人在同一家公司上班，男友喜欢未生的活泼，未生喜欢男友带给自己的安全感。两人度过了缠绵悱恻的热恋期。

未生把闺密介绍给自己的男友，三人在饭桌上相谈甚欢。随后，三个人一起看电影、一起吃饭、一起逛街、一起唱歌。终于，男友出轨，闺密背叛，未生成了这场恋情中最大的输家。

未生歇斯底里地问我为什么。我想了想，觉得这一切都是注定的："你有的模样，她也有，你喜欢的人也恰是她爱的模样。"

"可我们是闺密啊！"

"未生，你们只算是一般朋友，真正的闺密一定不是这样的。"

闺密是一个特殊的物种，是比男朋友还特殊的一种存在。闺密，不是认识最久的人，而应该是一种随着岁月流逝，来了以后再也没有走的人。

真正的闺密，在别人看起来都像同性恋，其实是因为不懂她们的世界——你是我的闺密，更像我的家人，那些只有我们知道的话题，只有我们一起做过的事，别人怎么能体会。一座城市让我恋恋不舍也是因为你在，希望我爱的姑娘遇到自己的幸福……

闺密就是：你没有男朋友我可以照顾你，你有男朋友我会祝福你；毫不吝啬地表达对你的喜爱，大声说"我爱你"的人；把尘封在心底那口生锈了的大箱子里的陈芝麻烂谷子，只说给你听的人；跟你能去米其林餐厅装女神，又能陪你在地摊儿吃烤串的人；最黑暗的时候，陪你一起等天亮的人；纵然全世界都背叛了你，她的一句"我还在"，就能让你瞬间不再孤单的人。

传说最高等级的孤单，是一个人在做手术。越是深切的孤独，需要表达的时候，越是轻柔，仿佛那疼痛不过是轻轻碰了一下。可越是如此，反而让懂的人越是心疼。

年华越长，人越发孤独，越发需要关怀，也就会越来越模糊闺密的概念：

1. 心里空荡荡，不知道自己想要见的人是谁。

2. 给头脑戴上了厚厚的盔甲，不再愿意相信他人。

3. 孤单、无趣，没力气去交新朋友，不愿意继续浪费精力在一个陌生人身上。

4. 根本不知道自己要什么，也不知道自己能给予别人什么。

大学毕业那年，我独身一人在哈尔滨找工作，却在工作一个月后，发现公司大门再也打不开了。看着紧闭的大门，我整个人都透着绝望，脑中只有一句话："我被骗了。"

那时，我的钱已经花光了，房租欠缴，半夜被赶了出来。拖着行李箱，在哈尔滨冬天的大街上行走，寒风从裤管里直往上蹿。我不停地走，多累都不敢停下来，怕停下来就再也走不动了。

杨思是我大学同学，哈尔滨姑娘，我俩一起上课、一起自习、一起准备考研。毕业了，曾经哭着说要每周打一次电话，可后来变成一个月联系一次，最后都断了联系，除了那个存储的电话号码。

当时的我，自以为豁达地说：总有些人走着走着就忘了，时光会为我们淘汰一些朋友，我们也会逐渐遇见新朋友，来来往往，分分合合。

但在那一刻，我还是拨打了那个尘封的号码。电话接通的那一刻，我仿佛抓住了唯一的一根稻草，面部僵硬，舌头也发音不清，模糊地说了大概方位。

杨思的声音一如记忆中那么温柔："乖，等我，我一会儿就到。"

她出现在我身边，头发凌乱，已经被雪打湿；脚上穿的是拖鞋，单薄的风衣下是一身睡衣；手里却抱着一件棉衣。她蹲下身，抱着我说："没关系，我在。"

我不能想象杨思是怎样被我的一个电话惊醒，然后从温暖的被窝里爬起来，胡乱穿上衣服，在零下十几度的大街上找到我的。

那是我最困难的时候，却留给我一生最温暖的记忆。

很久以后，回忆当初，我已明白，真正的朋友一定是可以经历精彩，也可以经受平淡的；可以长时间不联系，再见面无需寒暄，心瞬间能紧贴在一起。

我们不仅仅需要爱情，更需要友情。我们渴望同性之间毫无芥蒂的关怀，不加掩饰的在乎，于是我们迫切地追逐友情，却也会在所谓的交往中迷了路——我们总会容易被几句软侬细语打动，却没看到感情背后的交易。

人都孤单，于是需要关怀。总以为吃一顿饭，喝一杯酒，说几个秘密，就成了生死之交——这也许只是旁人无聊时的消遣。

因识人不清，被伤后大吐苦水，再不相信友情，其实是因为你真的没有遇见友情——会计算着多久没有一起吃饭，多久没有一起逛街，用频繁的活动联系双方的感情，却没明白用各种利益关系联系出来的能算什么朋友。

现在，我也逐渐习惯了对爱的人说"我在"，我知道这两个字包含了多少温暖，也逐渐了解了这简单二字在平淡中包含的深情。

或许，有些友爱不必苦苦寻找，有些事情不必刻意遗忘，有些话语不必刻意表达——在云淡风轻的时候，我们会遇见这样一个人，然后把自己所有的喜怒哀乐痛倾诉于他。就像绿川幸的动画，即使孤独、疼痛，也会尝试着接受温暖。

我想，温暖和孤独是有着密切关联的：孤独的时候是拒绝温暖的，因为它会刺痛自己；但当那温暖切切实实在的时候，却又能让人正视孤独，拥抱孤独……

要多幸运才能遇见生命中肯对你说"我在"的人，为了这份温暖，我们需要做的是：

1. 真诚。能算计的从来不是感情，能交心的一定是真爱。

2. 站在他人的角度思考问题。不说服任何人来接受你的思维，你们道不同，但心在一起就好。

3. 善于原谅，原谅他人，也原谅自己。人生中从来没有完美，懂得接受不完美，原谅自己或他人的不足，也是人生的必修课。

4. 让自己的心变柔软，主动一点。

5. 明白自己是什么样的人就好，不必过多地纠结于做选择，因为上帝会帮你选择。

朋友不必朝夕相随，天天问候，无论走得多远，即使走出你的视线，却始终走不出你心底的那块驻地。

多幸运有这样的一个人存在：你伤心落魄时，他一句"我在"，给了你重新开始的底气；在你春风得意时，他一句"我在"，让你充满感恩；在你惶恐不安时，他一句"我在"，世界从此不再孤单。

人生短暂，让自己确信这个世界我没有白来，起码触及到了什么。遇见一些人，留下一份爱，然后再也不孤独。

6. 来自陌生人的体谅，总是很煽情

我们将宽容和善解人意留给了温暖过我们一下的陌生人，对亲人则是无耐心和小肚鸡肠。

生命中总有那么一些人，他们曾不请自来，而又不告而别。虽然只是短暂的相遇与分别，但却总会在那么一个瞬间触及心灵。

时光飞逝，那个人的面容已经很模糊，但他的话语依然能让我热泪盈眶。这大概是因为，来自陌生人的体谅总是很煽情。

刘江经营着一家咖啡馆，店面装修甚是考究，经营也颇有特色，算是这座城市的地标性店铺。

然而关于他，最让人津津乐道的还是另一件事：每逢周末，刘江必定在市公园门口打条幅，免费送过往行人豆浆、油条、咖啡、面包，整整七年，雷打不动地坚持做着。

我调侃他："豆浆和咖啡算是什么搭配？继续这么送，会不会破产？"

刘江掐灭手里的烟，说："周老师，我知道一个人打拼有多辛苦，而我也只是为了回报自己曾经遇见的温暖。"

21岁的刘江因为家庭原因中途辍学，一个人在陌生的小镇一边打工，一边准备司法考试。

在小镇中心一片老旧的住宅区，刘江租了一间不足10平方米的地下室。地下室旁边是一家寻常的饭馆，饭馆里有一种学生套餐，出示学生证后任选一个炒菜，米饭就可以随便吃。

刘江第一次举着学生证买了一份土豆丝的时候，神色惶恐、内心忐忑。但老板并未多说，干脆利落地炒了三块钱的土豆丝。刘江就着唯一的炒菜，吃了两大盘米饭。

随后的日子，为节省开支，刘江基本一日一餐，而这一餐必定是到饭馆点一份最便宜的土豆丝，吃两份米饭。吃饱了，再借着店里火炉的温暖，背诵各种法律条文。

饭馆老板是一对普通夫妻，妻子一脸精明，丈夫则常常对着来往的顾客笑得憨厚。时间久了，刘江来这里吃饭的时候，老板总是偷偷给他上一碗蛋花汤，热汤下肚，瞬间全身毛孔都透着舒适。

老板娘虽然不止一次当着刘江的面抱怨小店生意难做，却也默许了他的这种蹭饭行为，甚至有时他吃不完的米饭，老板娘还会帮他打包，让他带回去。

刘江感动于老板娘的宽容，羞愧于自己的行为，却不得不因为现实而继续占便宜。

那个寒冷的冬天，就在老板胖得略微笨拙的身体在小店里不停地挪动中过去了。刘江也凭着一本失效的学生证，吃了一个冬天的学生套餐。

春去夏至，刘江终于通过了司法考试，到北京上学去了。毕业后，他找了一家律师事务所实习工作。很长一段时间里，他再也没有回过那个小镇。

直到前年，刘江辞职后，再次回到那个小镇，到曾经的那个饭馆去看看，才知道那对夫妻早就搬走了。

那家曾经温暖他整个寒冬的饭馆，那对曾让他无比感动的夫妻，他再也找不到了。

刘江遗憾自己没来得及说一句感谢，道一句再见。也许是为了将这份温暖传递下去，也许是因为懂得了温暖的力量，也许是为了变成温暖的人，回归后的刘江开了这家咖啡馆。

刘江现在已 34 岁，一米八的身高，健硕的身形，穿着最新潮的朋克装以及一双马丁靴，蓬松的卷发在后脑上夆成一个小喷泉。

面对这样的造型打扮，我永远想不到他曾经有过一段那样困窘的岁月，也从未想过他每逢周末免费送过往来客一份暖心早餐的背后竟隐藏着那样的原因。

认真想来，其实那份土豆丝盖饭之所以让刘江念念不忘，并温暖了他的青葱岁月，很大一部分原因是——那是一份来自陌生人的关怀。

这份关怀不求回报，不问缘由；这份关怀稍纵即逝；这份关怀因为来自陌生人，没有预期值，于是显得弥足珍贵。

但是，生活中，人们之间的距离却越来越远了。

我们披上厚重的壳，戴上孤傲的面具，冷漠地拒绝了周遭的温暖，甚至会用怀疑的目光来审视周围的一切。我们会慷慨给予陌生人宽容，却越来越肆无忌惮地对待亲人。

深夜，我被一阵大力撞门的声音惊醒，紧接着是一句高过一句的争吵，以及什么东西被摔在地上后噼里啪啦的声音……

第二天下班回家，在电梯里遇见邻居家的男主人，他的脖子上还留着抓痕，眼角一团乌青，看见我后笑得有些尴尬。

等我开门的时候，男人站在我身后，支支吾吾地说："周老师，听说您是情感专家，您能帮我一个忙吗？"

男人坐在沙发上，盯着面前的热茶沉默了三四分钟后，终于敞开了心扉。

他和他妻子是高中同学，两人熬过了大学时期的异地恋，撑过了一起租房的困苦，度过了生活中的各种难关，终于结了婚。

他说："我们度过了生活的种种考验，却度不过婚姻的七年之痒。她以前不是这样的，说话、做事总是如水般温柔，处处让他人之先，事无巨细地照顾着我们的生活起居。"

"只要我咳嗽一声，她一定会为我炖好川贝枇杷汤。我说一句饿了，厨房里一定会飘起温暖的香气。我们以前很穷，只要有一块钱买块烤红薯，她也一定给我吃……但是，她现在还不如陌生人，每天都是各种无理取闹，各种花式唠叨。"

我问他："你妻子现在还会帮你做饭吗？还会整理家务吗？还会为你熬川贝枇杷汤吗？"

他沉默了一阵后，说："会。但她是我老婆呀，这不是她应该做的吗？"

我笑了。其实，她一如既往，还是老样子，变的是他，是他的心。

小时候，我曾经遇到过一个很温暖的人。那时候，我和奶奶住在乡下，没有朋友，常常独来独往，一个人玩耍。

夏日的阳光很盛，我总是爱爬到村口最高的树上玩耍。树下，经常坐着一个老爷爷，他会对我说："爬树很危险，不要爬了，天色已经很晚，赶紧回家吧。"

老爷爷明明不认识我，却很啰唆。但恰好是这种啰唆，温暖着幼时的我，也烙印在了记忆深处。

其实，他说的这些话，奶奶也常常会对我说，但因为太过熟悉而被我遗忘，记住的却恰是陌生人的关怀。

我们也许会困惑：为什么陌生人的体谅，过了好久都能让我们觉得温暖？

因为亲近，所以无限制地索取，从不曾满足，而变得贪婪；因为贪婪，而不曾满足。周而复始，在这样的情感怪圈中我们开始怀疑，那些熟悉的朋友甚至枕边人，对自己的关心还不如一个陌生人。

我们将宽容和善解人意留给了关怀过我们一下的陌生人，对亲人则是无耐心和小肚鸡肠。其实，温暖一直都在，只是我们不能敏锐地感知。

那么，如何能更敏锐地感知生活中的温暖呢？不妨这样做：

1. 不要因为习惯而忽视。感谢每个早上妻子递给你的热牛奶，感谢母亲对你的贴心唠叨，感谢好友故意对你的抱怨……这些早已融入你生活中的小事，才最暖心。

2. 停止无止境的贪心。告诉自己，每个人都是独立的个体，别人对你的每一分关心都值得被呵护。

3. 心怀感恩。永远不要丢失感恩的心，它会让你走得更平稳。

4. 让内心保持柔软。用最柔软的心拥抱生活，生活也一定会回报温暖给你。

我们都喜欢温柔的东西，都能被温暖所吸引。我们喜爱春日和风、夏日鲜花、秋日细雨、冬日阳光，我们逐渐习惯了这些季节的温暖。于是，我们只记住了生活中的暴风骤雨，忽视了那些小美好。

感情亦如此。

我们逐渐习惯了熟悉的人对自己的好，于是记忆中慢慢留下各种烦心——我们哀叹生活平淡，缺少感动，于是陌生人的温暖让你格外铭记：他也许是你买早餐时递给你一杯热豆浆的老板，也许是地铁里让出一个座位给你的上班族……这些事情很小，却能够让你瞬间感到温暖。

擦肩一别，可能永远不会再见，但那些触动内心的感动烙印在了灵魂之上。这大概是因为，陌生人的体谅才最煽情。

陌生人的出现，温暖了你自以为冷漠的心，让你重获感动的能力。他们的人生和你短暂相交后，快速奔赴了不同的方向。而我们能做的就是，让自己的内心保持柔软，善待周围的人。

用心去感悟每一个温暖的瞬间和心灵的悸动。

7. 天高路远，别来无恙

喜欢一个人，可以说出无数条理由。真正爱上一个人的时候，却茫然无知。

我一直以为，只有久别重逢才最珍贵，却从未想过，总有一些人不能陪我们到最后。这些人很好，可是注定不会有结局。

岁月漫漫，心怀牵挂，但再一次见面，纵内心波涛汹涌，面上却也只是道一句："天高路远，别来无恙。"

同事梁燕 23 岁，生性活泼，加之本身负责活动策划工作，每天都哼着歌、抖着腿工作。大家都叫她燕子。

但是，燕子最近却郁郁寡欢，时不时对窗哀叹。周末加班结束，我带大家去吃烤肉。酒过三巡，原本就情绪低落的燕子突然蹲在地上号啕大哭起来。

在一番哄劝后，我才了解了事情的原委。

燕子和男朋友已经恋爱三年了。前段时间，他们开始筹划婚礼，男朋友却在婚礼前两天变了心。

燕子是在一次活动中认识男朋友的。

燕子说，她还记得那时天很蓝、风很轻、阳光很亮也很暖。他穿着白色polo衫、黑色长裤，头发微卷，斜倚着门，双眼微眯，嘴角微笑的弧度很暖。燕子对他一见钟情。

当时他还心心念念着自己的前女友，燕子算是乘虚而入。燕子爱他爱得很卑微，每天为他做饭、洗衣，照顾着他的生活起居。

燕子出现在他生活的每时每刻，爱得小心翼翼、心力交瘁，却也从来不敢在他面前说一句辛苦——她害怕好不容易得来的爱情就轻易失去。

渐渐地，男生感动于燕子的付出，两人开始交往并恋爱了。就在两人准备结婚的时候，男生却突然要分手。男生说，自己还没有准备好和她步入婚姻生活。

燕子说："可我明明还记得冬天他蹲下身给我系鞋带，为我一根根搓热手指；记得他为我买的每一碗馄饨，送我的每一块巧克力；记得他出差时我正好感冒了，他给我打的问候电话……我记得很多事情，我明明感到他是爱我的，怎么就舍我而去了？"

送燕子回家的路上，她青春姣好的面容上还留着斑斑泪痕，她这段感情的失败显而易见。其实，生活中有多少姑娘和燕子一样，人前欢喜，身后却小心翼翼地守护着自己的爱情。

到家后，燕子酒醒，却依然不停地抹眼泪。我无奈地劝解道："这份爱情里你们谁也没有错。燕子，你勇敢追求了自己的真爱，而他也只是不愿将就婚姻罢了。"

燕子不解地问："周老师，难道他还不算渣男吗？"

"不是哦，燕子。追逐爱情的你和不肯将就婚姻的他，都没有错。"

在爱情的世界里，有这样几项准则：

1. 爱情不能乘虚而入。当时他的心灵防守最弱，于是被你的温暖俘获。但是，这样一时的心动，不代表真正的爱情。

2. 缘来则聚，缘去则散。相聚、离开都值得珍惜，你们都很好，只是彼此相遇的时间不对。有谁说过，爱情本来就是一场时间差的遇见，交换出场时间，也许就是交换一段爱情。

3. 爱时用力爱，分手就放开。爱情如紧绷着的橡皮筋，爱时一定势均力敌，但当一方放手的时候，另一方不要坚持，否则只是疼了自己。

4. 爱别人，爱自己。生活中有太多的人选择爱别人胜过爱自己，自以为会感动别人，其实只是感动了自己。

5. 爱情可以任性，却也一定要真实。用伪装和迁就换来的爱人，注定会离开。

青春时代，我们过分迷恋天长地久，总以为喜欢的人来到自己身边就不会离开。但爱情只是一场荷尔蒙的躁动，可以因为许多细节而感动，也能因为一点说不清道不明而心动。

喜欢一个人，可以说出无数条理由。真正爱上一个人的时候，却茫然无知。

爱情不讲道理，他可以一秒钟爱上你，也会一瞬间放弃你。他爱你的时候，来日方长，不计一切。他不爱你的时候，或许也只用了一个瞬间，从此懒得计较一切。爱情总是很任性，但很真实。

"可是我还爱他呀！"

"一个人的爱情也叫爱情吗？那叫一厢情愿。"

你以为彼此都还沉浸在爱情迷谷里，但其实他已经越走越远。即使你低到尘埃里去爱他，可是他爱尘埃里的你吗？

我曾在旅途中遇见一个姑娘，独身一人背着一个大行李包，从南方去北方。她在海南上班，而男友在黑龙江做地质勘测——这一次的旅行，她不是为了去挽回爱情，相反，她是去结束。

她和男友相恋 11 年，漫长的时间里，爱情逐渐变成了亲情。

当时，因为阴差阳错的招聘，他到了黑龙江，她去了海南。他们彼此热爱自己的工作，热爱所在的那座城市。他们笃定，这份厚重的感情会打败距离，却发觉依然输给了现实——距离太远，于是生病都懒得跟对方抱怨，因为怕说了也没有什么用，反而更觉孤单。

我问她："难道不觉得可惜吗？"

她说："也许会有一点遗憾，但生命中怎么可能不留一点遗憾呢？我们的爱情还鲜活，但那又能怎样，彼此都不让步，我们迟早要分开的。不是我不够好，也不是他不够爱我，只是他还没有准备好迎接我。

"假如我为他抛弃全世界，那么，在不久的将来他也会抛弃我。一个连自己都不爱的人，凭什么奢求别人去爱你呢？"

曾经，我们都年少轻狂，听到恋人的一句"我想你了"，我们就可以坐十几个小时的车去看对方。曾经，她真的想嫁给他；而现在，他们也真的想分开。

姑娘说："分手那天，他只喝了一杯酒，却醉得乱七八糟。他偷偷擦了擦眼泪，感叹说，为什么最好的我遇见了也是最好的他，却依然不能在一起。我们说过，给彼此三年时间，可最后还是选择了分手。"

所以，傻姑娘呀，总有一些人注定不能陪自己到最后。你需要记住这些道理：

1. 你要分清你是真的爱上了一个人，还是不愿自己一个人生活。

2. 饭吃七分饱，爱只要八分。让你对爱有所保留，不是为了让你全身而退，而是让你不要迷失自己。

3. 人只有自爱，才值得被爱。无论你爱谁，一定要先爱自己。

4. 你得分清占有欲、新鲜感、喜欢和爱。

我们都会经历一场唯美但注定分别的爱情，他或者是惊鸿一瞥的少年、邻班的坏学生、笑起来很暖的学长、有着成熟魅力的大叔，甚至是一个永远不可能见面的十八线明星。

那是一场盛大而让人欣喜的内心骚动，我们的爱用电影表现出来可能也会别样美好：也许没有雪景，没有樱花，没有海枯石烂、生离死别，但有那个在窗前看书的少年——当风扬起白色的窗帘，身影若隐若现，干净得像一幅画，叫人不忍打扰。

我们曾经喜爱的人也许还能遇见，曾经喜爱我们的人也许还能碰到，不过我们内心汹涌，表面却波澜不惊，云淡风轻。

也或者，我们自青春一别，余生再不会相见，于是只能在回忆里道一声："天高路远，别来无恙。"

辑 4

控制欲望膨胀：
别妄想站在他人的肩膀上实现梦想

生活中，谁都想被别人欣赏，但慢慢地你就会懂得——你不会永远是生活的焦点，你爱的人也许不喜欢你，你努力付出一切可能收获不了别人的一句赞美，你的百般请求可能根本无人应答。

慢慢地你就会懂，人这一辈子，要经得起谎言，受得起敷衍，忍得住欺骗——因为在别人的生命中，你只是一个配角。

1. 这辈子要经得起谎言，受得了敷衍

生活中一定有谎言，无论是善意的谎言，还是恶意的欺骗。生活中一定有拒绝，无论是漫不经心的推脱，还是无能为力的敷衍。

学生时代，你被人惦记着吗？会有人叫你起床上课，帮你打饭带回宿舍，借你的笔记应付考试吗？会和你一起蹲在操场上，默默偷窥你喜欢的那个男生吗？

其实，那些用青春串联起来的故事总是特别温暖，带着热气腾腾的印象。越长大越发现，有一个能叫醒你起床、提醒你去吃饭的人，是一件多么难得的事情。

去年，公司年会特意邀请了跟我合作的模特出席。活动尚未开始，助理小西一脸焦急地冲我跑来，说："周姐，两位嘉宾因为座次问题吵起来了。"

我到现场的时候，模特 A 正在和工作人员理论，娇媚的脸上难掩怒意。作为另一当事人的模特 B，则安静地站在一边。

也许是为了息事宁人，也许是见模特 A 不肯轻易善罢甘休，也许是怕事情的发展超出预期，模特 B 主动跟模特 A 换了座位。等模特 A 心满意足地坐下，这场冲突才算过去了。

回到后台，小西满脸委屈地说："其实，座位是根据姓氏字母和上封面的月份排出来的。往年，几位前辈也都是如此安排的，怎么今年到我这儿就出了岔子？"

我安慰她道："你只看懂了往年的惯例，却没看懂人性。"

小西满脸诧异地问我："什么人性？难道不是因为模特 A 看模特 B 的资历比较浅，名声没有她大，穿的衣服不如她的大牌，所以故意找碴儿吗？其实，她俩都是线外的，有什么可争的。"

我说："现在看来，模特 A 也许比模特 B 名气大一些，但她的模特事业也将止步于此，而模特 B 的路一定会走得更长。"

"周姐，你还会看面相吗？怎么看出来的？"

"我不会看相，但你可以等，等着看二人的事业如何发展。"

果不其然，年会后不久，有好事者将那段模特 A 争抢座位的视频曝光到了网上。随后又有几条模特 A 在工作中无理取闹，故意为难工作人员和同事的视频相继被曝了出来。

网上到处是对模特 A 的声讨声。舆论持续发酵，甚至有网友专门开通话题"模特 A 滚出娱乐圈"。事件发展到逐渐失去控制，各杂志社、报刊等纷纷与模特 A 解除了合作关系。

短短两个月，模特 A 再不见曾经盛气凌人的样子，随后逐渐淡出了大众的视线。相反，模特 B 因为对工作严谨，对同事谦卑而亲切，受到圈内人在各个场合的夸奖。后又被曝出，曾经模特 A 要争座位的对象就是她，面对模特 A 的嚣张跋扈，她的善解人意更是提升了大众对她的好感度。

曝光度持续增加，模特 B 粉丝数直线飞涨，有跳进三线的势头。

晚上，小西来我家整理资料时，看到了模特 B 被邀特别出演一部知名导演的电影时，叹世事难料，随后问我："周姐，你当时是怎么看出来模特 A 好景不长，而模特 B 身价飙升的？你教教我，难道当初的视频是你发布的？或者你真的会相面？"

我被她逗笑了。我哪里会看面相，更不知道视频是谁发出去的，只是比小西更懂人性罢了，了解模特 A 本身的性格缺陷，也就会清楚地知道她犯了什么错：

1. 自视清高，唯我独尊。

2. 遇事太过较真，做人太过斤斤计较。

3. 不懂得体谅他人，学不会宽容。

这样的人，常常将精力用在一些无谓的事情上，恨不得时时刻刻让自己都是镁光灯下的焦点，自身的一丁点变化都渴望被大家发现和赞美，哪怕仅仅剪了指甲也想受到瞩目。

生活中，谁都想被别人欣赏，但慢慢地你就会懂得——你不会永远是生活的焦点，你爱的人也许不喜欢你，你努力付出一切可能收获不了别人的一句赞美，你的百般请求可能根本无人应答。

慢慢地你就会懂，人这一辈子，要经得起谎言，受得起敷衍，忍得住欺骗——因为在别人的生命中，你只是一个配角。

慢慢地你就会懂得，你不需要从别人的态度中获得自我肯定，不需要在别人的热闹中享受快乐，不需要从别人的溢美之词中认识自己。这就好像懂得了生活中不可能有百分百的真话，不可能有每一分、每一秒的陪伴。

生活中一定有谎言，无论是善意的谎言，还是恶意的欺骗。生活中一定有拒绝，无论是漫不经心的推脱，还是无能为力的敷衍。

小西最近和男朋友发生了一点不愉快，起因很简单：周末，小西给男朋友打电话，想让他来接自己下班。男朋友却拒绝了她的要求，说下班后他要和同事聚餐。

这是小西第一次被男朋友拒绝，于是很不开心，拉黑了男朋友的微信和电话，扬言要分手。其实，小西的居住地和公司离得不远，步行也不过 20 分钟的路程。

我劝小西："一个人回去未尝不可呀，更何况谁都有自己的生活空间。"

小西却对我说："我哪是生气他不接我，我生气的是他对我的敷衍。"

和热恋中的任何一对情侣没什么两样，小西恨不得男朋友在自己面前是一个透明人，没有任何一点隐私。更重要的一点，男朋友还要像超人一样地存在，当小西需要他的时候，他必须及时出现。

小西说，她的爱情容不得一点欺骗和敷衍。

"如果他真的爱我，怎么会随便敷衍我？应该事事以我为主。纵然他有天大的事，但只要他足够爱我，就会在最短的时间内出现在我面前。"小西说得义正辞严，我这边却听得连连皱眉。

小西这样的姑娘其实很普遍，大多数人甚至都懒得去劝解，直接在心里安慰她一句：还小，长大就好了。

可是，我们还是能在小西身上看到自己曾经的模样——你是否也会因为面子问题而对参加朋友聚会时迟到的男友横眉冷对，过后想起来又后悔万分呢？你是否也会因为在热闹的场所被人冷落而尴尬地玩手机呢？你是否也曾因为被欺骗、被拒绝、被忽略而对他人生气呢？

在我们普通人的生活里，没有什么了不起的大人物，没有什么悬疑剧情，没有各种命运的巧合，没有感天动地的爱情，没有生离死别的恋人……所以，我们的生活中一定会有谎言和敷衍——因为忙碌而敷衍你，因为不愿争吵而对你说谎，因为有更重要的安排而拒绝你。

这就是生活，而我们能做的只是：

1. 对别人信任和关心。真诚与关怀是最具吸引力的气质之一，对别人关心、体谅，将会获得同样的温暖。这种气质无法隐藏，令人折服。

2. 提升自己。成功的人即使坐在角落里也不会被人遗忘，所以，想要被他人瞩目，就得站得更高。

3. 拥有一颗善良而宽容的心。被欺骗也许是怕你伤心，被敷衍也许是为了更好地拥抱你——理解他人，才会尝到快乐的滋味。

4. 充实自己。将有限的时光花费在自己身上，比如学谱曲，学插花，学做折纸。生活中有太多的事情要做，根本顾不上因为别人的敷衍和谎言而去生气。

5. 内心强大。你只有内心足够强大，才不会因为别人的态度而患得患失。无论是曾经的模特 A 还是小西，她们都是在别人的生活中寻找自己的定位，渴望从别人的关怀和紧张中确定自我的地位。

6. 不要自视清高。社交中，不能因自己的职务、地位高于别人就显示出瞧不起他人的样子，也不必因职务、地位低于旁人而过度谦卑。

有时候，敷衍并不是敷衍，谎言不等于欺骗。

人生路上，总有一些人被你认为是同路人，走着走着才发现不是，那就笑笑，挥手道别。人生路上，总有许多沟坎需要跨越，总有许多遗憾需要弥补，总有许多迷茫需要领悟。

人在旅途，会面对许多拒绝和冷漠，然后会疲惫，会尴尬，会心疼。让这些随风而去，未必不是一种轻松。向前走，走过不属于或属于自己的风景，学会收藏，学会遗忘，更要学会坚强。

心怀感恩，不仅是对他人的关爱，还是对世界和人生的态度。不抱怨，不惹是非——快乐，也是修炼来的能力和源于内心的修养。

人生总有很多东西无法挽留，比如走远的时光、枯萎的情感；总有很多东西难以控制，比如别人对自己的态度、别人对自己的情感。所以，做自己就好。

依赖的时候有多安逸，失去的时候就有多痛苦。所以说，拒绝依赖是一种自爱。

做一个独立的自己，永远不怪别人不帮自己，也不怪他人不关心自己。人生路上，我们都是孤独的行者，"如人饮水，冷暖自知"，唯一能帮你的，也只有你自己。

2. 别妄想站在他人的肩膀上实现梦想

站在别人的肩膀上去努力，其实是一种赌博，因为你在一开始就将自己置于了一个被动的位置。

你有没有见过攀爬在栅栏上的牵牛花、依附在墙壁上的爬山虎，它们在失去依附的瞬间遍地狼藉的景象？

仙人球独自生长也能开花，而向日葵孤身挺立依然结果，所以无论何时何地，都要学会独立行走，这会让你走得更坦然。

我有一个朋友静子，目前正在某传媒公司做广告业务。当初为了得到现在的这份工作，她降低了自己的就职标准。比如，这份工作的薪水与原先期望的薪资并不匹配，工作地点也不算近，工作环境也并不如意，但由于急着就业，她一口气答应了下来。

静子在这家单位工作了三年。最初，她很积极地对待任何一项任务，每一分每一秒都用在工作上。但时间一久，她盘算着自己各方面的收支与理想状态并不一样，又通过旁敲侧击了解了合作单位和自己同级别职务的薪酬待遇——在得知同等职位的员工工资比自己要高不少的时候，她整个人如浇了冷水的松鼠，瞬间降低了活力，对待工作再也没有了最初的热情。

每天上班，她都是愤愤不平的样子："我每天做这么多事，就值这么点钱，公司也太资本主义了吧！"

最初，我还会劝她，说不如先好好学经验，以后跟公司申请涨薪才有资本。但是，每次劝告都被静子搪塞过去，她一直很介意目前的待遇，每天都看公司不顺眼，嫌弃这嫌弃那。

遇见合作单位的同事，她也常常故作不以为然的样子，私下里却几次跟我抱怨："我问过了那个单位的贾某某，他的工作内容还不如我多，但工资几乎是我的两倍啦。"

或者说："甲做的工作还不如我做得好，却拿下了那个项目，不就是因为他的平台比我好嘛。""乙就是命好，常常有贵人相助，要不然他怎么可能升职这么快。"

诸如此类的理由，她能找出一大堆，但从不在自己身上找原因。同时进公司的那些人，要不已经升为业务经理，在岗位上做得风生水起；要不已经另找东家，在其他领域里驰骋。唯有她，每天得过且过，至今仍是普通业务员。

她每次说起来，总是会哀叹自己时运不济，遇不见贵人，也没有更高的平台去施展抱负。然而，等我真的想给她分析一些职场规划时，她却用那种混日子的语气说："如果我是富二代，有上亿资产傍身，也早就声名显赫了。"

职场中，我们身边不乏静子这样的同事，一方面，她常常感觉自己被大材小用了，这样的薪资根本匹配不上她的能力；另一方面，她时常感叹自己只是运气不好，把工作中的各种挫折归于公司平台等方面，每天都在不断地抱怨。

之所以出现这样的情况，归根到底，都是因为他们总妄想利用别人的高度成就自己——因为妄想站在别人的肩膀上实现自己的梦想，所以常常抱怨公司平台不够；总是祈祷有贵人相帮，拉他走出泥泞，而不想着去学更多的经验，增加自身价值；只想选择最舒服的方式打发时间，而不愿凭自己的能力辛苦渡过难关；只看到别人的运气，却看不到别人背后的努力。

站在别人的肩膀上去努力，其实是一种赌博，因为你在一开始就将自己置于一个被动的位置，之后别人的利益得失完全呈几何倍数的效果表现在你身上——他们最终能站在什么样的高度，能帮你帮到什么程度，会尽多大努力帮你，这些都不是你能控制的，只能看对方怎么做。

所以，依靠别人会有很大的风险——凡事靠自己，人生才不会输。遇到困难，你第一时间想到的是靠自己，你就会抓紧时间立刻采取行动，并且做到全力以赴。

同样地，想实现梦想就要努力拼搏，这样，可能性更大一些。

M 年轻的时候因为家境不好，辍学后在一家餐厅打工。因为他手脚利落，为人勤快，举止谈吐和其他服务生不同，餐厅经理很快给他升了职。随后，M 也多次为餐厅的整改提出了建议。

偶然的机会，在得知 M 渴望成立自己的公司，而且经营项目还不错时，经理找到了 M，说他可以帮忙：他负责提供公司初期运营的资金，唯一的要求是公司需由他来掌控。

M 婉言谢绝了。和他在一起的同事说 M 傻，为什么要拒绝呢，这也许是能通往成功的一条捷径。M 说："没有人可以帮你，唯有你自己去做。这世上只有一种努力，叫靠自己。"

靠自己，才能无惧艰难；靠他人，总会不放心。不要怪困难时没有人扶你，也别怪遭遇困境时没有人肯让你站在他人的肩膀上。你若强大，困难就是小事；你若勇敢，危险也能无视。

每个人都有梦想，无论这梦想宏大或者渺小，说出来会被人嘲笑或者称赞，你都不能否认梦想的存在，因为梦想就深藏在你的心底。梦想是独属于自己的，别妄想站在别人的肩膀上实现，就好像要想吃到枝头上的果子一定得自己去摘。所以，想实现自己的梦想，也一定得自己去努力奋斗。

无论你的梦想是大是小，如果想要实现它，不妨看看下面的这些建议吧——努力做到这些，会让你在实现梦想的道路上走得更加坚定、从容：

1. 挑战弱点，努力改变自己的缺陷。

人人都有弱点，不能总是固守自己的弱点，那样，一生都不会做成大事。追梦者总是善于从自己的弱点上开刀，去弥补自己的不足。一个连自己的缺陷都不能纠正的人，注定无法实现梦想。

2. 抓住机遇，善于选择、勇于创造。

机遇是人生的财富。机遇难得，但让机遇溜走却是一件很容易的事。所以，追梦者绝对不会允许任何一个机遇悄然溜掉——在关键时刻，他们还能纵身扑向机遇。

3. 突破困境，从失败中提取成功的资本。

人生总要面临各种困境的挑战，有些困境甚至用"万劫不复"来形容也不为过。一般人会在困境面前瑟瑟发抖，失去勇气，而追梦者则能把困境变为实现梦想的跳板，来个绝地反击。

4. 调整心态，切忌让情绪伤人伤己。

心态消极的人，很难挑起生活的重担，因为他们无法面对一个个挫折。追梦者则时刻保持着积极的心态，即使在毫无希望时，也能看到一线成功的亮光。

5. 发挥强项，做自己最擅长的事情。

我们从小被教育要"扬长避短"，其实，我们首先需要做到的是"避短扬长"。

一个能力极弱的人肯定难以打开人生局面，他必定是别人前进道路上的炮灰。追梦者总是能首先避开自己的短板，在自己最擅长的领域充分施展才智，一步一步地拓宽筑梦之路。

6. 即刻行动。

一次行动，胜过百遍心想。有些人是"语言的巨人、行动的矮子"，只说不做，梦醒了依然在床上。追梦者每天都靠行动来落实自己的人生计划，而不是只躺在床上做梦。

也许你在努力跳跃后依然不能实现自己的梦想，但因为努力而给内心带来的各种感受是什么也替代不了的。所以，请努力去做吧，努力将自己活成自己的贵人。

这样，即使很久以后你的梦想依然遥远，可这会让你成为一个更好的自己，去拥抱更好的生活。

3. 欲望与现实之间有着永恒的距离

并不是所有的努力都必然对应收获，总有一些东西我们穷尽一生也难以拥有。所以，尝试着去接受这种得不到的遗憾吧。

欲望是一种本能，每个人对欲望的诠释不同——或是橱窗里的精致华服，或是显赫无比的地位，或是挥霍不尽的财富，或是倾城倾国的美人……

人一生就是在和内心的欲望做斗争，或征服欲望，或被欲望征服。前者，无论物质或是精神上都将更上一层楼。后者，则因求而不得郁郁寡欢。

羽蒙在 10 月底从工作了两年的公司辞职了，离开那天，她和同一个部门的夕然轰轰烈烈地吵了一架。夕然从楼下的装潢公司拎来一桶油漆，从她头上直接浇了下去，这事惊动了整个楼层。

两人冲突的起因是一件策划案。

月初的时候，公司接到一个项目，领导让羽蒙和夕然共同负责。部门同事私下传言：项目完成后，领导会根据两人在这个项目中的表现，选择一人升为部门经理。

两人之间的竞争，愈发激烈。于是，一次在资料审核中，羽蒙明明看出了夕然的错误，当场却没有指出来，而是加班重新整理出一份方案。

在决策会议上，夕然因数据错误而被领导呵斥的时候，羽蒙拿出了自己那份策划案。

项目完美结束了，就在领导决定升羽蒙为部门经理的时候，夕然联合关系比较好的同事写了一封检举信。信中，夕然用极富煽情的语言绘声绘色地说，羽蒙为了升职，发现她的数据错误而故意不指出来，为了抢到项目，私下给了合作商回扣等。

为平息整个风波，羽蒙和夕然两人均被辞退了。

羽蒙挂着一身油漆离开了。事后，她说当时的她虽然一身狼狈，却仍像一个打了胜仗的将军。

我从社会学角度告诉羽蒙，这场战役中她和夕然算两败俱伤。羽蒙却摇头说："你不懂，我本来有一半的几率可以大获全胜的。"

"可你还是输了。羽蒙，你为什么这样做，你确定自己要的是什么吗？"

羽蒙摇了摇手上的车钥匙，说："我给你讲个故事吧。我大学毕业那会儿，在一家小广告公司做策划。那时候，我为了抢到一个单子，没日没夜地查阅了整个中国历史，整理了几十页的文案。最后对方却说，他儿子觉得历史类的文案不时尚，而喜欢日本武士风格。于是，我辛苦整理出的上百页资料成了一个笑话。

"即使这样，我依然会没日没夜地查阅资料，依然会去抢那些别人嫌弃报酬少且辛苦的项目，依然会少睡半个小时去买早市上的廉价菜……

"这些我从来不敢抱怨，也不会抱怨。因为我知道，出身是注定的，我无力改变——虽然上天给了我一副烂牌，但我总得打出去。

"每次，公司的同事聊起家乡时都是一脸的自豪，只有我整个脸是滚烫的，因为我来自很偏僻的农村。我仿佛看到同事对我的指指点点，那时候，他们的每一个微笑，都让我忍不住怀疑那是对我的嘲笑。

"这座城市不爱我，但我却爱着这座城市，这个事实直接明了。于是，我每次想到现实的时候都会告诉自己：你必须努力奔跑，总有一天，这座城市会有你的家，会敞开怀抱接纳你。所以，我从来都知道自己是谁，也从来知道自己要什么。这座城市这么大，我不想只将青春留在这里，最终却还是一名过客。

"你也许会觉得我虚伪、自私、矫情，可我有什么办法？现在的工作是我打败了几百个竞争者得来的，而现在我辞职不是因为我觉得自己做错了什么，只是因为我知道，只有离开是对我最有利的选择。"

我无话可说。羽蒙一路走来真的错了吗？但是，夕然也没有错，也许错的只是她们彼此面对内心的欲望时所选择的方式不同罢了。

生活中，我们总会遇见羽蒙这样看似努力，但却总是过得艰辛的人。他们甚至会把自己的处境变得更加糟糕，究其原因，不过是下面几点：

1. 自身的能力无法匹配内心的欲望。

2. 总是盯着得不到和已失去的，忽略了身边陪伴的和拥有的。

3. 总是躺在床上幻想却不肯行动，说的多而做的太少。

4. 想要的太多，一个欲望被满足后，马上会有一个新的欲望。

5. 被内心的欲望蒙蔽，沦陷在欲望的深渊里。

就像羽蒙，她总是盯着这座城市，内心极度渴望被这座城市认同，却总是不理解它。

城市不会排挤一个人，但也不会主动拥抱一个人，当你想要的总是得不到的时候，不妨从自身找原因——并不是所有的努力都必然对应收获，总有一些东西我们穷尽一生也难以拥有。所以，尝试着去接受这种得不到的遗憾吧。

欲望和现实不匹配，还是因为欲望总是会在得到满足后，以另一种更高的形式出现。比如，一个贫穷的乞丐在冬日的大街上行走，寒冷和饥饿同时折磨着他，此时只要有一碗热汤就可以让他得到满足。

但是，当有人递给他一碗热汤后，他可能还想要一个热馒头、一盘热菜，甚至一个遮风避雨的地方、一床棉被……欲望是无穷尽的，当旧的欲望实现，新的欲望就会产生。

我曾经一直以为，欲望是人们对于更优质生活孜孜不倦的追求，直到知道了刘东的事迹，才改变了想法。

刘东曾经做过八年的乡村教师，一个人守着一所学校、一间破屋、几十个孩子。他的事迹感动了数十万读者，当他受到某杂志社的采访时，他很是激动。

刘东说，他从未想过自己有一天可以受到那么多人的支持。他也曾想一展宏图，坐拥万千财富，享受优渥的物质条件，但他也知道，每一个欲望的实现需要具体行动的支撑。

刘东曾拒绝过企业的丰厚薪酬，他说那只会让他迷失在欲望的深渊里。有人说他太古板、不懂变通，守着旧思想不能进步。他总是不以为然，继续坚守着自己的乡村教师这一职业。

他说，欲望是对事情结果的过度追求，但大家最需要享受的是每一件事完成的过程——当你迈开自己的双腿，不被过多的欲望诱惑，修炼好自己，你要的自然会在终点等你。

那么，如何管理自我的欲望呢？

首先，管好自己的内心，收敛对现实的欲望。有一种欲望可以鞭策人进步，成为人生不断前进的动力，但也有一种欲望是对自我的盲目预估，是永远不能抵达的彼岸。

其次，学会满足是幸福的前提。任何人、任何事都不可能完美无缺，我们所要做的就是接受自己拥有的，对自己不过度苛责。

再次，多行动。与其躺着幻想，不如向前奔跑。

最后，修炼内心。在这个充满欲望的世界里，保持纯粹的初心很重要。

生命的路途就像一个人在沼泽地行走，当双脚陷入泥潭，用力拔起一只脚，另一只脚则会陷得更深。生活亦是如此——总有一些欲望不能实现，当身处欲望的泥潭，如果不能舍弃它，就会彻底沦陷。

凡事适可而止，量力而行。好比喝茶一样，茶叶放多了会苦，放少了无味，适量最好。内心的欲望也是如此，太多了不过是徒增烦恼。

管好内心的欲望，不制定过高的目标。学会满足、学会放弃，人生是有舍有得的过程。

当一切看起来糟糕或者一筹莫展的时候，当你现在拥有的并不是你想要的时候，当你想提升生活质量的时候，请抬起你的双脚，用力奔跑！

4. 人生即磨炼，熬过去才能涅槃

如果你真的想要某样东西，想成为某类人，想和某人在一起，那不如奔跑吧，因为有时走路真的来不及。

物理学上说："水在0℃的时候会结冰。"生活却告诉你："冰只有在零下10℃时，才能承载人的重量。"其实，这两者都没有错，只是生活更注重坚持的厚度。

这就好像，每个人都说想要成功，但大多数人也只是嘴上说说。他们对成功的渴望，还比不上他们想要去参加Party的渴望，比不上他们购物的渴望，甚至比不上他们睡觉的渴望。

于是，成功总是遥不可及。

富士山下的山梨县，被当地人誉为"日本珠宝故乡"。那里有个老顽童，三十多年来经营着一家汉代流传下来的手工珠宝作坊，他就是珠宝匠人——秋生。

他手艺高超，也像所有文化传承者一样，坚持把每一件首饰做得都符合历史传统。因为他要让每一件首饰都必须要让佩戴者觉得美好。为此，他还偷偷给自己打了耳洞。他说："男人打耳洞在传统的当地是非常奇怪的行为，但不这么做，就无法体验佩戴者的感受。"

他希望每一件珠宝都有好的归宿，与它的佩戴者一生相伴，所以制作过程格外精心。在用料前，他都会反复思索，因为极其珍重材料的质感，所以会把它们用在最精髓的地方。

他最具代表性的作品，是汉代蝶翼镂空步摇和玛瑙华胜。最好的蝶翼镂空步摇和玛瑙华胜，需要做到每个镂空都完美分布，并且将珍贵的玛瑙等玉石准确镶嵌在金银之中，所以需要历经几十道工序才能制作完成。

这极度考验匠人的专业和专注程度，即便是最熟练的匠人，制作一件造型复杂的步摇也需要花费几天时间。这方面，秋生从来不会将就，不会产生丝毫误差。

秋生是当地有名的珠宝匠人，高徒遍布大江南北。他对待徒弟异常严厉，甚至苛刻。他的严苛不仅体现在要求徒弟都要具备精湛的首饰制作工艺，还体现在徒弟的日常起居上：饭不能吃饱，衣不能过分休闲；女孩不能留长指甲，男孩不能饮酒。

问其原因，他解释道：饭吃得太饱，精神会不集中；衣着休闲和长指甲会影响首饰制作，饮酒更会因手抖而出现误差。

徒弟每天减去吃饭、睡觉和锻炼的时间，14个小时守在工作室，一遍遍练习雕花、镶玉等工艺。只有做出的作品合格了，才能继续下一项练习。严师出高徒，在秋生的教授下，他们也成了这个行业的佼佼者。

我问秋生，何必如此严苛呢，并不是所有人都有天赋，不是所有鲤鱼都能跃过龙门。

秋生说："我给你讲个故事吧。"

秋生 12 岁跟着师父学习这门手艺，无论寒暑，没有其他的娱乐——他的世界就是一张张首饰图谱和一块块金银铜铁。

25 岁的时候，秋生已经学艺 13 年了，自认为师父没什么技术再可以教给他了，于是在那年初春征得师父同意后自立门户。

新店开张，精致的手工艺术品迅速吸引了当地人，连绵不绝的夸奖和赞誉让他有些自满。直到某天，有人送来一件翡翠石榴花金步摇，它造型异常精美，但右翼下玉石串珠有一道裂纹，客户要求换个串珠。

这手艺，秋生 13 岁时就已经学会，便不以为然地答应下来。然而，在拆下串珠的那一刻，意外发生了：串珠的线不是普通的金线，而是用 21 根金丝以特殊手法编织而成的，并且每一根金丝都细若尘埃，手指轻轻触碰一下就断了。

眼看客户隔天就要来取，秋生知道不能因为这事砸了自己的招牌，万般无奈下，他再次回到师父的住所。

师父一眼就认出这首饰是汉代王室用品，而那根细若发丝的金线更是用 21 根金丝经过一种特殊手法编织而成的，他用了一晚上的时间才将串珠串好。

事后，师父对秋生说："任何努力都没有止境，任何难题都有答案，假如有跨不过的坎，一定是你跳得还不够高。"

生活中，一定有许多人一面羡慕着别人的成功，一面却在哀叹为什么自己总是失败。原因很简单：

1. 羡慕别人的运气，却忽视了人家在背后付出的努力。

2. 想做百分之百完美的人，付出的努力却不足百分之十。

3. 忍受不了路上的孤独。

4. 明明不够努力，却还要麻痹自己说已经尽心尽力。

回首过去，曾经为了梦想而努力的激情和兴奋会令自己觉醒，然后发现，原来考试失败、失恋、失业等许多某一刻的失败，在经过时间的洗礼后，会一点点变为成功路上的动力。

向恒是健身"网红"，看起来并没有什么特别的。但是，三年前，他是重达236斤的胖子。

从小就肥胖的他，被欺负、被嘲笑，体育从来不及格，这仿佛是任何一个胖子都会经历的事。在经历了爱情表白失败等挫折后，他看着身上那层厚厚的脂肪做了一个决定：不能再继续胖下去了——减肥！

于是，他进行系统、专业的训练，深蹲、卧推、硬拉等。这些听起来很简单的事，他坚持了三年。慢慢地，他成为健身达人，走上了健美比赛的舞台，受到了很多人的追捧。此外，他上综艺节目分享了自己的瘦身经验，也遇上了漂亮的女友，收获了人生的幸福。

这三年里，向恒进行过短时间断食，倒立着睡觉，每天跑步三个小时，更不用说网上那些盛传已久的减肥大法了。经过一次次折磨后，他的体重下降缓慢，他想过放弃，可回头看看已经走过的路，只能告诉自己：你只是不够努力，所以跳不过减肥这道坎。

三年，说长不长，说短不短，但确确实实在他身上留下了努力的痕迹，让他一步步走向强大，变得自信，变得帅气。

有多少人会说："我想减肥，可是太忙了，没有时间去运动。""我想减肥，可是太懒了，懒得一动也不想动。"其实，很多时候你不是因为忙，不是因为没时间运动，而是没有和肥胖斗争的决心，也没有为了减肥而努力跳跃的勇气。

如果你真的想要某样东西，想成为某类人，想和某人在一起，那不如奔跑吧，因为有时走路真的来不及。

如果你依然缺少为梦想奔跑，面对困难而跳跃的勇气，不妨告诉自己：

1. 比你优秀的都在努力，你还有什么借口放弃。

2. 世上从来没有走错的路，只有不够努力的人。

3. 试着多接触充满正能量的人。

4. 做有耐心的人，尝试去发现生活中的美好。

5. 你所谓的艰苦，不过是最普通的生活。

人生有那么多事情可以去做，鸡毛蒜皮的杂事并不足以成就我们的生活。远离那些喜欢抱怨各种家长里短的人，跳出自己的舒适圈，多跟那些把自己的人生规划得很好的人交流。

人是一种群居动物，很容易接受周围人的暗示。当你开始认真执行积极的人生规划，一段时间后会发现，自己的心态变得更乐观了，少了一些纠结、郁闷的时刻，生活充满了希望。

当你觉得自己已经为梦想努力到底，再也使不出一点力气的时候，不妨去看看夜晚的城市：街上的灯亮着，路人行色匆匆，卖红薯的小贩还在冷风里叫卖着，快递员还在填单捡件……你会发现，你那些所有曾不为人知的艰辛，其实只是大家眼里的普通生活。

愿你跳过人生路上所有的坎，愿你的每一次跳跃最后都开成枝头灿烂的花朵。

5. 世上没有失败，只有半途而废

很多时候，我们不是因为看到了希望才坚持，而是坚持之后才看到了希望！失败永远只有一种，就是半途而废。

"一生都在半途而废，一生都在怀抱热望。"这句文艺十足的话概括出一个残酷的事实：半途而废。

你有没有问过自己："我坚持最久的一件事是什么？现在依然坚持着吗？"

你有没有被困在一个幽闭空间的经历：周围空荡荡的，没有光源，只有自己，除了自己的呼吸声，你听不到一点动静。

那时候，你在想什么？

你会想你早上来不及吃的那片面包？昨天没来得及买的衣服？上周没有去成的旅行？还是那个半途而废的梦想？

几天前，熊猫君给我打电话，说她办理了出国手续，想在出国前跟大家好好聚聚。周末，我到熊猫君家的时候，一起长大的几位小伙伴已经围坐在桌子前喝了起来。

见我来晚了，一位朋友将醒酒器递给我，说："迟到的要先罚两杯酒！"

还没等我反应，熊猫君已经抢先一步将醒酒器拿走了，随后递给我一杯果汁，说："老周没酒量，这一盅下去估计就不省人事了。我明儿就要走了，还得留着她送我去机场呢。"

一番哄闹，酒足饭饱，大家歪七扭八地瘫在熊猫君家的沙发上。不知谁说了一句："我还没来得及成功，就失败了。"引得大家群起而攻之。

那边，熊猫君却幽幽地叹了一句："姐们儿我几天前差点看透生死，最后却发现：前半生那么长，我却都在半途而废；后半生那么远，我依然怀抱热望。"

熊猫君住在这座城市最高的那栋公寓楼里。一次，凌晨两点她加班后回家，乘坐电梯行至17层的时候，产生一阵剧烈的金属碰撞声，电梯随即停止运行，照明灯忽闪两下后熄灭了。

她快速按了紧急呼叫按钮，那端始终无人应答。由于手机没有信号，她也无法寻求朋友的帮助。

这个小区刚建成没多久，业主入住率不足30%，这也就意味着，即使熊猫君大声呼救，得到回应的可能性也不大。除了等待，她没有更好的办法。也许一会儿工作人员就会发现有人被困，前来解救，但也许电梯会急速直降。

熊猫君说，那个时候自己竟然异常冷静，没有想刚刚完成的工作，没有想银行卡里的存款，没有想前男友——她只是冷静地将前半生回放了一遍，然后惊恐地发现，她对生活一直怀抱热望，梦想却一直半途而废。

特别小的时候，熊猫君迷恋电影里的钢琴，缠着家人给她报了兴趣班。结果，她学了没多久就厌烦了钢琴，迷上了大提琴；然后是小提琴、古琴、琵琶、长笛……不到一年的时间，她就将兴趣班的乐器换了个遍，最终全部半途而废。

高考那会儿，她迷恋战争片，幻想未来有一天她也可以成为一名战地记者，扛着设备，冲过枪林弹雨，把战场上的第一手新闻报道给人们。结果，这个梦想在大学毕业那年就放弃了——她强行说服自己：其实，做一名生活频道的记者也很好，做一个普普通通，有小幸福的女人也不错。于是，那个无比爷们儿的梦想就被深埋心底了。

后来，她也曾嚷嚷着说要考研，结果选了几所学校，背了几本专业书，就借口这些对她没什么帮助而不了了之。

她还有挺多类似的经历，但不管她有过多少大大小小的梦想，结果要么就是她自己觉得艰难而放弃了，要么就是别人告诉她不好而放弃了。所以，不长不短二十多年以来，她一直都在半途而废。

她也迫切地渴望成功，每一个梦想在开始时都满腔热血，轰轰烈烈，仿佛不达目的，绝不罢休，结果却一点点就冷了下去。

熊猫君被电梯维修人员解救下来之后，她做的第一件事，就是回公司递交了辞呈。其实，她早已厌烦了这份工作，而一直留在这里是因为觉得梦想太遥远，于是干脆用单调的工作来麻痹自己。

现在，梦想觉醒，她要重装出发，去追逐梦想。她说，这一次她不怕千万人阻挡，只怕自己投降。

在机场，我为熊猫君分析了她一生都在半途而废的原因：

1. 想要坚持不懈，却总是举步维艰，于是选择半途而废。

2. 好高骛远，于是选择半途而废。

3. 意志薄弱，于是选择半途而废。

4. 无法确定自己的所作所为是否可以让自己离梦想更近，于是选择半途而废。

5. 大部分人都会有的好逸恶劳心理。

6. 找不到坚持下去的兴趣点。

坚持不一定会成功，但成功一定离不开坚持。因为现实艰难，所以才显出坚持的可贵。

每个人都喜欢峰顶迷人的风景，但绝大多数人会在到达半山腰后选择放弃。

不久前，30 岁的财务分析师许颖请求我的帮助，因为她想纠正最近几个月来做任何事情时总是突然放弃的恶习。

我们探讨了她对生活的看法，谈到她对工作与成就的观念，说起她和同事竞争的愿望以及竞争带给她的疲惫感。然后，我问她："有什么事情是你现在依然在坚持着的？坚持了多久？"

她兴奋地说："啊，健身，我坚持了快两年。"

两年前，许颖陪朋友一起办了张健身卡。在健身房，她认识了几位有共同爱好的朋友。健身之余，她们也会相约一起烘培蛋糕、学习插花、习字。

本来不擅长运动的她，在朋友的陪伴下竟然也坚持了下来，并逐渐将健身变成生活中的一部分。前段时间，朋友圈流行炫腹肌，许颖的马甲线、A4 腰也为她赢得了一片艳羡的目光。

其实，随着生活节奏逐渐变快，每一分每一秒都会有人放弃他原来的计划。比如：想学着做一份大餐，却在切好食材后乱炖成了大杂烩；想看一本书，却在买来后将其束之高阁；想完成一个目标，却在制订好计划的那一刻放弃了……

至于具体原因，人各不一，千千万万个理由。

但那些能被我们坚持下来的事情，一定是能让我们在坚持的过程中获得满足感，并且不断驱赶着我们前进的事情。比如，许颖坚持健身两年了，一方面是因为朋友之间在相互鼓励，另一方面是因为她享受着健身背后带来的满足感。

我对许颖说，尝试着从以下几点着手，慢慢去改变自己的观念：

1. 想放弃的时候，闭上眼睛，好好回想之前的努力，自信就会喷涌而出。告诉自己，这个城市总会有人成功，为什么不能是我。

2. 所谓梦想，是一条路走到黑的坚定信念和永不停息的疯狂。

3. 我们一定要控制好自己的情绪，不要被其困扰。不良情绪只会阻碍我们的学习或事业。

4. 学会克制，用严格的日程表控制自己的生活，才能在这种自律中不断磨炼出自信。如果你连最基本的时间都控制不了，还谈什么梦想？不管其他人怎么说，你都要相信，只有自己的感受才是正确的。所以，无论别人怎么看你，绝不自乱节奏。

5. 喜欢的事自然可以坚持，不喜欢的事就放弃。

6. 要先将眼前的事情做好。

很多时候，我们不是因为看到了希望才坚持，而是坚持之后才看到了希望！失败永远只有一种，就是半途而废。每个人都尝试过失败的滋味，所以我们可以接受失败，但决不能接受从未奋斗过的自己。

事业上的压力、生活中鸡毛蒜皮的杂事、身边人的各种声音……这一切都可能会让我们莫名地焦虑。

我们读着励志文，如打了鸡血般定下各种目标，去跑步、学跳舞、学外语……我们不断地攒着自己的愿望清单，然后在坚持了一段时间后，因为种种原因而偃旗息鼓了。

我们越来越焦虑，终有一天，身边又响起一个以过来人身份叫嚣的否定或耻笑的声音，让我们彻底地否定了之前的努力，然后放弃了。于是，眼睁睁地看着梦想越来越远，而别人却变得更好，自己已经跟不上别人的脚步了。

所以，绝大多数半途而废源于对成功的不坚持，对梦想的不确定，对未来的不自信。

生命中有一种落差，就是辜负了自己的野心也对不起自己所受的苦难。尝试着将梦想分割成一个个小目标，然后多给自己一些鼓励：一切都来得及，再不济，也只是大器晚成而已。

6. 丰富自己比取悦他人有力量得多

别哀怨等不到蝴蝶，花时间种花吧——花开，蝴蝶自来。

不怕我在最平凡时遇见的你最特别，就怕我不懂如何提升自己，以致哗众取宠似的讨好你。

其实，我们可以不必在彼此最好的时候遇见，而完全可以在彼此最糟糕的时候遇见，然后在一起，并携手共同变得优秀起来。这样，才不会有朝一日我们发现彼此其实没有想象中那么完美。

我们不必为了对方的爱好而放弃自己，不必为了对方而做任何自己厌恶的事情。在有限的时间里，我们共同提升自己，追求更好的未来。

春节过后，办公室的同事发觉琪琪变美了：眼睛变大了、鼻子变挺了、额头变饱满了、皮肤变光亮了。

大家一番询问后，琪琪略带羞涩地说，她去做了微整形手术，开了眼角、垫了鼻梁、打了玻尿酸、注射了水光针。

让琪琪如此大费周折地去美容的原因是，她喜欢上了一个男生，而为了以最完美的姿态站在男生身边，她对自己这张脸下了狠心。琪琪形容，她和男生的相遇带着一种命中注定的巧合。

那是一个平凡的不能再平凡的下午，琪琪因为需要查阅资料开车去图书馆。她即将停车的时候，突然有人踩着滑板经过，一番躲避中，那人摔倒了。还不等琪琪下车道歉，那人已经拎着滑板闪进了图书馆。

只是擦肩而过的一瞥，却让琪琪失了神。接下来的一个小时，琪琪凭借着白色衬衫、浅色牛仔裤和白色棒球帽等线索，找到了他。

一番交流，两人都产生一种相见恨晚的感觉，很快交换了联系方式。接下来的日子，两人时不时会一起去图书馆翻阅杂志，一起去看电影，一起去特色小店品尝美食，或者来一场短途旅行……

经过两个月的相处，两人之间有一种微妙的情感在滋长，但彼此均未主动挑明。

春节放假的时候，琪琪去韩国做了微整形手术——琪琪对自己的外貌是极其不自信的，因为她的确长得很平凡。而男生长相俊秀，身材挺拔。

前不久，经过旁敲侧击，琪琪知道了男生喜欢漂亮的大眼睛姑娘，于是下定决心做了微整形。琪琪解释，如果长相是她爱情道路上的一个障碍，她必须勇敢地去跨越。

一周后，琪琪熬过了整形的后遗症期限，眼角和鼻子消了肿，额头也恢复到自然。她穿着最美的那套小礼服，描着最精致的妆容，奔向自己的爱情。

晚上，一个陌生的电话打过来跟我说，琪琪在酒吧里喝醉了。

我赶到的时候，琪琪依然趴在桌上。被我叫醒后，她呆愣地看着我，我才发现她的眼睛一片红肿，整个鼻头也肿了起来。

琪琪说，那个男生拒绝了她，原因竟是她的微整形，因为这样的美太具有侵略性，并且带着浓重的目的性。琪琪问我："难道现在我还不够美吗？为什么他对我避之不及呢？"

我告诉她，那个男生已经说了原因。

不可否认，琪琪现在是美的，可这种美源自对男生的索求——她想用脸换来男生的爱情，这个目的性太强，于是反而让男生望而却步了。

生活中，有多少姑娘会因为想得到完美的爱情而一遍遍地雕刻自己，到头来不仅没有戳中爱人的心思，反而丢失了自己。其实，整容是雪中送炭而非锦上添花，是为了让丧失生活自信的人重获新生，而不是一味迎合别人的审美。

美是无止境的，每个人对美的理解也不同。美也是分时期的，幼年时的憨态可掬，青春时的朝气蓬勃，中年时的亲切可人，老年时的慈祥和蔼，都是美。

美不仅表现在外表，更重要的是内在的气质——你看过的风景、走过的路、读过的书、见过的人，最后都将形成你独特的气质。

一段好的爱情，根本不会让人心力交瘁。爱你的人也不会让你担惊受怕，时刻害怕他离开。

不合口的饭菜就丢掉，不合适的人就放手，不必为了挽留任何人而低声下气地去取悦他。提升自己，让自己优秀起来才最重要。

琪琪问我，她拼命想抓住这段感情，难道错了吗？

当时，我并不知如何作答，直到很久以后才想明白，琪琪为什么不能在这段感情里获得幸福的原因：

1. 一直在追逐别人。幸福如阳光，需要你停下来去享受它。

2. 刻意去迎合他人。用人情换来的朋友或恋人只是暂时的，用人格魅力吸引来的朋友或恋人才能长久。

3. 在意别人，却活不好自己。总是借口替别人着想，悲壮地委屈着自己。

4. 不懂心疼自己。你不心疼自己，别人如何心疼你。

别哀怨等不到蝴蝶，花时间种花吧——花开，蝴蝶自来。

洛洛最近迷上了一位明星，她将自己所有的网名以及头像换成了和偶像相关的内容，还加入了各地的粉丝后援会，对偶像的每一场活动一定会积极跟进。以前那个无所事事，常常负能量爆棚的洛洛，消失得无影无踪了。

我打趣她说，你像打了鸡血，每天斗志满满。

洛洛说："其实，心里住着一个人真的挺好的，可以在你心情低落的时候抚慰你，可以在你迷茫的时候为你指引方向，可以在你毫无斗志的情况下激励你。有一个喜欢的人，就是让自己为了不断接近他而变得更加优秀。"

后来，听说洛洛被一个剧组邀请去写了几集剧本，而那部电视剧的主演之一就是她的偶像。

我对洛洛建议，不妨多了解一下那位偶像的兴趣爱好，那样到了片场就能和他多聊几句——志同道合总比道不同来得合适。

洛洛一脸羞涩地说："那些我早都查了。我和他的价值观倒是很相似，对待朋友的方式也很相似，只是在饮食方面南辕北辙了——他爱吃的我不爱吃，我喜欢的他难以接受。"

我问她："那你会不会为了他的喜好而去迎合他？"

令我惊讶的是，洛洛摇摇头，说："我喜欢他，但不代表我因此需要无谓地去迎合他。他喜欢咖啡而我爱泡茶，他喜欢西点而我爱中式酥饼，他喜欢白灼海鲜而我则对红烧肉欲罢不能……他很好，但我也不错呀——我喝咖啡会失眠，吃西点不消化，对海鲜也过敏，但这不妨碍我喜欢他。"

喜欢一个人，是要让自己不断地变好，而不是抛弃自己的某些爱好、习惯等——要知道，提升自己比取悦他人要有力量得多。

我感慨洛洛和我见到的一些姑娘不一样：那些人为了自己心爱的人何止可以改变习惯，她们恨不得根据心爱之人的喜好重新雕刻一遍自己，使自己成为一个雕像——偶像喜欢尖下巴、锥子脸，她可以去磨骨；偶像住过的酒店，再远她也要去住一晚；偶像用过的品牌，她花血本也要买来尝试一番。

你不需要讨好任何人，你不欠别人的，只欠让自己变得更幸福的机会。一个女人，取悦别人不如提升自己，要知道：你若盛开，蝴蝶自来。

女人不妨从以下几点着手去提升自己：

1. 参加形体培训，让自己时刻保持端庄的仪态，充满自信。意气风发、充满自信的女性最迷人——懂得在适当的场合和适当的时间展露笑容的人，最让人欣赏。

2. 要大智慧，不要小聪明。有时，恰到好处地装傻是有教养的表现，而卖弄小聪明将得不偿失。

3. 内在很重要，但依然不能忽视仪表。在生活中，适当的修饰与打扮是必要的，这也是尊敬他人的一种表现。

4. 培养一两种兴趣爱好。多和有共同爱好的人在一起交流，会让你心情更愉悦，生活更充实。

5. 记得时刻保持微笑。不要呆若木头，也不要笑得花枝乱颤，当你轻轻上扬嘴角微笑时，眼睛不要左顾右盼。

6. 勤加锻炼。做一个女人，不需倾国倾城，只要保持好身材就好。

在这世界上，只有自己才是你一生的依靠，他能给你现在的安全感，也能给你未来的不安。记住：你的独立，就是你的底气。

一辈子那么短，你真的不必去讨好任何人。因为无论你怎么活，总有人会说长道短；无论你怎么做，总有人会指手画脚——你行事直爽，人家说你人傻、情商低；你心思细腻，说你心机深，不可多交；你沉默，说你故作深沉；你话多，说你缺乏内涵；你认真了，说你大惊小怪；你洒脱了，说你置身事外……

看吧，无论你多好，总有人不喜欢你；不管你多对，总有人批判你。

人的一生时间有限，所以不要为别人而活，不要活在别人的观念里，不要让别人的意见影响你的方向。要知道，在有限的时间里，提升自己比取悦他人要有力量得多。

7. 改变是痛苦的根源，不改变更加危险

任何一种改变都要付出痛苦的代价，而如果不改变的话，也许将面对的是良心上的谴责、不安、羞愧。

闺密问我："如果你有一次机会，可以借助它回到过去，你希望对曾经的自己说些什么？或者，你希望能改变什么？"

我沉思一阵后，答道："如果真的能回到过去，我或许会告诉那个懵懂的自己：你将不断犯错，不断经历生命中必不可少的疼痛，你会勇敢尝试着改变，之后变成一个很好很好的人。"

也许你会说，任何一次改变都是重新打磨自己的过程，这个过程伴随着沮丧，甚至是疼痛。但改变中的痛苦是暂时的，而不改变

的痛苦却是终身的。有时候，你必须忍痛割爱，才会在时光里遇见更好的自己。

苏哲经营着一家出版公司，几年来，他凭借敏锐的眼光连续出版了十几本畅销书，并连获三届"优秀青年企业家"称号。

一次颁奖礼上，他一番感言说得热血而深情。我在台下遇见他，感叹地说："你是一名被企业耽误的演讲家。"

苏哲听罢，粲然一笑，说："其实，14岁前我有口吃，话都说不清楚。"

苏哲是在9岁那年意识到自己与别人不同的。那时，他突然发觉小伙伴都能清晰吐出每一个字的准确音节，而自己总是发音不清。上课时，他每一次回答问题时都能惹得大家一阵哄堂大笑，那些笑声里或许没有太多的嘲讽，却依然如尖锐的刀子刺痛了他强烈的自尊。

他也曾不甘心地问父母，为什么只有自己不一样？但每一次换来的都只是父母紧锁的眉头和一声又一声的叹息。

10岁那年，苏哲决心矫正自己的口吃。可是，父母带他去了几家医院看病，点滴打了几十天，中药喝了上百副，舌尖针灸也做了几十次，遭受了不少痛苦，口吃却没怎么得到改善。

一位熟识的医生告诉他：也许可以尝试着学习播音员的说话方式，慢慢改善口吃问题。

苏哲家的门前有一条蜿蜒的小河，河对岸是一道山谷。清晨，天不亮，苏哲就开始对着山谷练习发音了。傍晚放学后，他也会对着山谷努力呼喊。

这种练习，无论寒暑他从未间断。他曾一度将自己的舌头咬出十几个伤口，也曾喊破了嗓子。终于，那座大山在听了他四年的呐喊后，回应了他一句字正腔圆的问候。

那一刻，苏哲激动得几乎疯掉，他一次次向着山谷呼喊，一次次听着山谷那边传来的回声，情不自禁地哭了。

我曾听过几次苏哲的演讲，不但他的发音几乎找不出一点问题，而且音色干爽悦耳、音调跌宕起伏。苏哲说，当初别人在他背后说的每一句嘲讽之语，都成了他努力改变自己的动力。

其实，在他集中力量练习发声的时候，"放弃吧，口吃是天生的，根本改变不了""你这只是白费功夫""何必如此辛苦，又不是非要做播音员"，诸如此类的话每天都会在他耳边响起。

被人家说得多了，苏哲也曾试着去接受不完美的自己，可每次听到自己含混的发音，他就舔着带血的舌头说："如果尝试着去改变自己也许会很痛苦，但伴随而来的可能就是成功。现在的改变带来的是短暂的痛苦，而不改变的话，痛苦会伴随我一生。"

人都会意识到生活中的不如意，也能了解这些不如意背后潜藏的信息是对他做出改变的要求，但却总有人不想改变，原因就是：

1.对失败的恐惧。这份恐惧住在你的心里，当你开始梦想改变的时候，它就会跳出来告诉你：还是算了吧，一切都只是一场玩笑，你注定会失败。

2.对梦想的恐惧。这种恐惧源于你周围的声音，也许是你的父母，或者是你的朋友，或者是你的同事，他们会在你打算为梦想起航的时候告诉你：回归现实吧，别瞎想了。

3.对改变本身的恐惧。每一次改变，都会打破当前的安定状态，而你的一点微小的改变也许会影响周围人的生活，于是有人会告诉你：省省吧，不如继续安静下去。

苏哲说，他是这么理解改变这件事的：

1. 改变是一个过程，需要足够的耐心。

2. 当结果到来的时候，也许你已经耗费了很长时间、很多精力和耐心。

3. 看到自己的改变，会给自己带来更多的自信。改变是一个过程，获得并积累自信也是一个过程。

看到别人在改变，不会盲目地羡慕，因为真正改变过的你，知道那意味着什么。

这个世界是动态的，人们却总是不由自主地用静态的方式去理解它。任何一种改变都要付出痛苦的代价，而如果不改变的话，也许将面对的是良心上的谴责、不安、羞愧。

燕西曾经是当地最大的一家广告公司的创始人。之所以说曾经，是因为广告公司历经几次风波后，被其他广告公司分别吞并了。

业内人士常用"壮士断腕"来形容燕西当时的悲壮。

燕西的广告公司一开始业绩很不错，但是随着时代的发展，广告市场面临三网大融合，广告新规不断推出，每一家广告公司每天都面临着新的挑战和机遇。燕西担心公司改变后可能将面对种种问题，于是幻想着自己依然可以坚守住阵地。

几次市场风暴过后，别的广告公司把握住机会，纷纷转型了，并很快重新占领了市场。而燕西的公司却因为种种原因，老旧问题频发。眼看公司资金链断裂，摇摇欲坠，燕西只能将广告项目进行细分，并眼睁睁看着它被同行一点点吞并。

那一刻，燕西才不得不承认，改变才能不被市场淘汰，抱残守缺最终只能导致灭亡。燕西说，他想起了老师曾经给他讲过的那个关于猴子的故事：

有一只猴子想变成人，它知道要变成人就得砍掉尾巴，所以它决定砍掉尾巴。动手前，猴子被三件事困住了：砍尾巴的时候会不会很疼？砍了尾巴后，身体还能不能保持灵活性？尾巴跟了自己很多年，不忍抛弃它。

所以，猴子最终没有变成人。

这个故事说明，当我们需要改变的时候，不能瞻前顾后，而要去行动。做每一次改变前，你一定要知道这些事：

1. 改变会有一定的痛苦。

2. 改变会有一定的风险。

3. 改变会令你在情感上有几分失落，因为毕竟要失去一些原有的东西。生活要发生改变，是因为当前的生活方式已经不适合当前的社会发展，但因为改变是循序渐进的过程，是对曾经的割舍，所以会产生失落感。

如果你渴望改变，却不知道要如何改变，不妨从以下几方面入手：

1. 多听听别人的意见，才能更加清楚地了解自己的不足。技不如人且不自知的人，最可怕。

2. 改变要循序渐进，因为这是对曾经的割舍，如果一开始用力过猛，基本上注定会失败。

3.改变前请保持沉默。如果对别人大肆宣扬自己要改变了，而结果失败的话，会导致未来遭受更多的嘲讽。

4.跟上别人的脚步。所有人都会讨厌这种情况：自己还没有改变的情况下，别人居然都开始改变了。

要成就一些事，就必须舍弃另一些事。舍不得你所拥有的，就得不到更好的。但是，改变是一件痛苦的事，如果你能做出改变，也许会痛苦一阵子；不改变的话，就可能痛苦一辈子！

在改变的过程中，你会感觉很别扭，因为它与原先的自己有所不同。改变的过程，其实就是由内到外打破习惯并不断超越自己的过程，心理上会有很多的不适感。

如果你能将新的生活方式变成你的习惯，不适感就会过去，你在人生路上也会得到新生。

辑 5

自卑与超越：
我想超越这平凡的奢望

· ·

　　直到后来，我才明白，生活中只有平淡的生活，没有平凡的人。就如同冯骥才在《俗世奇人》中所述一样：手艺人靠的是手，手上就必得有绝活。有绝活的，吃荤，亮堂，站在大街中央；没能耐的，吃素，发蔫，靠边站着。

1. 我想超越平凡的奢望，从未改变

生活是平凡的，但不是平淡的；平凡的生活同样也会波澜起伏、妙趣横生。

你理解的生活是什么样的？是日复一日地上班？是月月还房贷？还是幸福的婚姻家庭？

我所理解的生活，是春天看花、夏天看海、秋天爬山、冬天看雪，是和喜欢的人在一起，做喜欢的事，是走到生命终点回头看时而不后悔。

小时候，住楼上的邻居是上海的一对夫妻，他们没有孩子，那时已年过 60 岁了。阿姨一年四季喜欢穿旗袍，韭菜边，细香滚，再配上她苗条的身材和保持多年不变的微笑，漂亮得可以忽略了年龄。叔叔总是衬衫挺括，皮鞋亮得晃眼。

那个年代物资匮乏，衣服大多要去裁缝店做，可选择的布料也很少。阿姨自己会做旗袍，扣子也会手工盘制，而她家的那一台小蜜蜂缝纫机为那个年代里女人的美做出了贡献。

他们夫妻两人每天会手牵手一起去散步，也会和邻居、熟人打招呼，亲切地拉家常。他们虽不是当地人，却备受他人的尊敬和

喜爱。有时会有家庭妇女来请教阿姨如何做衣服，有时会有文人登门拜访，和叔叔一起讨论当前的社会热点等。

那时，我曾无比羡慕甚至怨恨自己怎么不是这个邻居家的孩子，小小年纪的我厌烦了每日重复、单调而平凡的生活，想超越却不知道如何去做。

直到后来，我才明白，生活中只有平淡的生活，没有平凡的人。就如同冯骥才在《俗世奇人》中所述一样：手艺人靠的是手，手上就必得有绝活。有绝活的，吃荤，亮堂，站在大街中央；没能耐的，吃素，发蔫，靠边站着。

那些处于底层的市井人物，虽没有达官贵人等上层人物的身份，却依然在充满商业气息的繁华的天津小镇上扎根，找到属于自己的生存空间，安稳地生活。这些小人物中，有接骨的，刷墙的，替人打官司的……

我回忆起邻居夫妻二人时，终于理解了轩羽为何说《俗世奇人》只为讲一个道理："无论生活在哪里，总之得有过硬的本领才行。"

邻居家的叔叔阿姨受人尊敬，是因为他们的日子虽然过得平淡，但他们的内心不平凡——他们在波澜不惊的生活里，让心灵开出了花。

一个人一生中最好还是做些有意义的事，免得遗憾一辈子。不过度奢求、追逐、攀比，不与长者比高低，不与俗人论短长，人就会清醒、聪明、大度、谦虚一些；不往自己身上套枷锁，快乐就会如影随形。

平凡人做平凡事，将一件件平凡事做好了，平凡人也就不平凡了。总是好高骛远，自以为是，不甘平凡，结果只能接受平凡。

承认自己的平凡，在平凡中脚踏实地，勤勉精进，这是成就伟大人生的唯一途径。世上从来没有天生的伟人，所有的伟大都是从平凡中产生的。

荷妮住在法国巴黎十六区的一幢高级公寓里，今年五十多岁。在外人眼里，她是一个极端讨厌的存在——她又胖又丑、又老又穷，脾气还不太好，任何一点针眼般的小事都可能引发她的暴脾气。

荷妮的生活很简单，每天上午守在家里看无聊的电视剧，下午3点会去地下超市买打折的面包。她日常只吃面包、沙拉和喝牛奶，穿衣永远是看不出身材的大裙子——黑白灰的颜色搭配，更衬出她一脸老态。

荷妮和这座城市大部分的老妇人没什么两样，生活也如一汪死水，波澜不惊中甚至酝酿着发酵般的酸味。

生活的转折，发生在公寓搬进来一位新住客之后。

小锦是一位中国留学生，她青春阳光，还爱笑，走在街上，她会大声地跟陌生人打招呼。她善于帮助一些需要帮助的人，虽然那只是些举手之劳的小事，比如帮助卖蔬菜的摊贩推车。

她也会帮助荷妮，比如示范如何烧水煮茶，以及什么样的茶配马卡龙，什么样的茶搭巧克力。不过，荷妮最初对小锦充满了排斥心，她就仿佛是一只锋芒必现的刺猬。

遇到一个和自己气味相投的人，足以让我们彼此走近，摆脱孤独吗？努力做一个内心丰盈、举止优雅的人，我们的生活会因此而变得更美好吗？

　　小锦对荷妮说：人生要想静美，那么一定要保持优雅。我们都渴望超越平凡的生活，却总是对不平凡望而却步，而原因不外乎是，我们难以打破多年养成的习惯——我们将自己禁锢于生活中了。

　　在小锦的影响下，荷妮最终改变了以往的生活方式，慢慢地变成了一个追求精致生活的人。

　　我们已习惯于重复式的单调生活，我们已习惯于享受安稳的生活，我们已习惯于悲观的生活……对我们而言，也许每个人都习惯重复式生活，感叹生活的普通、平凡，却忽略了许多有益的成分。

　　我们也许已在生活的低级趣味中沉沦，贪图享受，不思进取，这其实是一种消极的人生。纵然生活依旧，但我们应该去感受生活中的美。

　　生活里有再多、再大的不幸，总会过去。事实上，你若换一种心态，生活会是另一种色彩，生命也会从此而改写——生活中不能没有理想，但不能盲目追求永远得不到的东西。

　　我们不够机智，甚至也做过愚蠢的事情，并为自己的愚蠢付出过代价。我们都曾经被嘲笑过，甚至被抛弃过，但这并不是我们可以继续愚蠢下去的理由。

　　我们要善于学习，善于守护内心的渴望，善于在逆境中坚持自己的梦想——从一朵花看到春天的美好，从一声蝉鸣听到夏季的美好……

　　每个人的生活都不一样，犹如瓷器，有的华丽，有的素雅……选瓷器就如同过日子，挑挑拣拣，把最喜欢的带回家后，还得小心翼翼地呵护着——瓷器很精致，我们的生活也要像瓷器般精致。

衣食住行，无疑是人类最基本的生活条件，而有那么一些人，他们的追求不仅仅在于此，更渴望在平凡中寻找温暖，并且给他人带来温暖。这份温暖，不是一时的，而是长长久久。

我们想超越平凡，为未来增色添彩，需要做的是：

1. 发展特殊才华，发挥自我优势。每一件平凡的事情中都有不平凡的部分。

2. 接受平凡。接受自己的平凡，才能理解不平凡。

3. 担得起责任。在不同的场合，每个人都扮演着不同的角色。然而，我们是否能真正地用行动来承担起自己在各种场合中的角色？

4. 快乐生活。人要开心而活，只有摆正了心态，坦然面对，才能更快地成长、成熟起来。

小林木说："只要我们肯用心去学一门技艺，也会成为一名俗世奇人；只要我们能用心去完成一件事，就总会有成功的一天。"

我也如是说："只要有真本事，生活自有色彩，平凡的生活就不会平淡。"

只要将每一件事做精、做好，生活便会行云流水般精妙绝伦，即使身处现在这样一个充满竞争压力的社会中，你也能够自信、安静地活出自我。

生活是平凡的，但不是平淡的——平凡的生活同样也会波澜起伏、妙趣横生。

2. 静候浊水变清的时光

痛苦就如同河里的泥沙，你越执着搅拌，越浑浊，最后反而惊扰了更多的清水。

一次去参加一个论坛，中场时，主办方做了一个调查："你的人生沉淀下来，会有多少幸福？"

场上，许多人议论纷纷，却难以回答。无意中，我仿佛听谁说："我们心绪难平，沉淀不出人生，怎么知道幸福的答案？要知道，幸福是年华的沉淀。"

我觉得很有道理，回去后，就跟我住在一起的方措分享了。

方措在他的事业如日中天的时候辞职了，大多数人抱着看好戏的心态，想看看他能折腾出什么新花样来。他却背着一个帆布包，进了图书馆。是的，他准备参加来年的艺考。

方措曾是时尚圈炙手可热的封面模特，宽肩，细腰，大长腿，嘴角总是挂着笑。而且，他还是实力派，也是"网红"——他的眼睛很大、很澄澈，让人总是忍不住愿意相信他。他随意的一个微笑都很勾人，用摄影师的话说："方措天生就是吃这碗饭的。"

但是，方措却不这么认为。

方措从小家境并不算好，在本该享受校园生活的年纪，他见识了母亲因为学费而去借钱的窘迫。于是，在高考结束后他放弃了填报志愿，揣了865块钱上了南下的火车。

方措找到老城区一处简陋的住处，周围的房子已经拆得七零八落，到处是碎砖头、混凝土。楼前残存着一个小卖部，不远处是一片建筑工地。未来，这里将矗立起这座城市的最高建筑。

方措租住的地方是一间地下室，50多平方米的小屋被隔成十几张床铺，他住在其中的一个上铺。

因为常年见不到阳光，地下室里散发着淡淡的霉味，尤其到了梅雨季节，整个屋子仿佛一个蒸笼，随便把空气拧一拧就能掉下几斤水。

不过，方措在这个地下室并没有住多久。他在连续拍了几个小的平面广告后，终于被一家杂志社发现。那时候，方措忙碌几天拍一个广告，酬劳大概是几百元到几千元不等。一个月碰上运气好，或者拍摄比较多的时候，也能挣个上万元。

最初，方措看着校园中的同龄人也会失神。后来，随着来找他拍广告的商家越来越多，他一天就能挣几千块。家里及自己的经济情况有所改善后，他便不再想上学读书的事了。

从不知名的小广告模特，到国际二三线品牌的拍摄邀请，渐渐地，方措在时尚圈已经小有名气了。同样地，他租住的地方也从当初的廉价租住区，到了后来的高档住宅区。

然而，当物质生活得到满足后，方措开始静下心来思考自己的未来。他发现，无论做模特还是广告代言人，似乎都不是他一生的追求，相反，他对做导演的兴趣更大——那种在片场指挥的魅力对他充满了诱惑。于是，在内心渴望的巨大诱惑下，方措下决心放弃了已经得到的一切，辞职后重新翻开课本，打算报考中央戏剧学院。

有人说，方措活得太梦幻。也有人说，方措不自量力。

中国的电影行业虽然发展迅猛，但每年仍有数以万计的影视专业毕业生不得不放弃导演的梦想。这个行业要求的是人脉、资金、能力的高效整合，而方措显然并不具备。

我再见到方措的时候，他正在市区的一个广场上铺滑轨，身边有几个年轻的面孔。方措说，他要拍一个网络剧，从剧本、分镜头设计，到演员、服装、造型，他都在严格把关。

镜头后的方措敛去了温柔的笑，眼中闪烁着执着的光。

就在我快要忘记这件事的时候，方措打电话邀请我一块儿去吃饭。到了现场我才知道，这竟是他们举行的一个小型庆功宴。八集的网络剧一上线，当天的点击率就破千万了，并且连续三天上了微博热门话题排行榜。

庆功宴上，方措第一次袒露了自己从模特跨行当导演的心路历程。他说，那段时间心绪很乱，总觉得自己是一架骷髅；他热爱那份模特的工作，却觉得自己已经迷失了，于是决定给自己留一段时间，让心沉淀下来。

他淡出了人们的视野，背着书包、戴着眼镜，去图书馆看书，在街边摊吃饭，偶尔去看一场电影。然后他发觉，自己曾经对时光的恐惧逐渐消失了，他也一点点将自己沉淀成一个更有感觉的人了。于是恍然大悟，沉淀出了人生的意义：

1. 沉淀就是慢慢地做看似无意义的事。比如，不管考不考试都要多读书，不管旁人多热闹，自己都要静下来。

2. 沉淀就是反思自己。用足够多的时间反思自己，才能变得更好。

3. 沉淀就是了解自己。生活本来不易，不必事事苛求别人的理解和认同，静静地过自己的生活就好。

4. 沉淀就是让生活的脚步慢下来，然后发现岁月虽然在匆匆逝去，留下的却是幸福。

对于曾经，周茉还是放不下。

大学毕业后，周茉回到了家乡。工作三年来，也有人给她介绍了几个男朋友，却都不了了之。

现在周茉依然是一个人，孤独成了她生活中的常态。她很久没有再为谁心动，也很久没有再喜欢上谁了。她甚至怀疑，自己走不出过去的心坎儿，一生就这样过去了。

只有自己经历过才会知道，我们说的寻常在当事人心中却可能是荡气回肠。

周茉曾有一个相处了三年的男朋友，她家在长江以南，男友家在黄河以北。所谓毕业即分手，周茉和男友就是这样的一对。

周茉和男友恋爱的三年中，感情逐渐变成了一种习惯，生活更多的是波澜不惊。就在周茉以为毕业后两人会商量如何为这段感情相互妥协的时候，男友说了分手——男友清楚地知道，作为家中独女的周茉并不会跟自己回北方老家，而他同样不会跟周茉去南方。所以，周茉也没有挽留。

周茉以为自己已经放下了，却在分手后发觉，所谓的"放下"，不过是将自己的心弄丢了。

可还没等周茉想好如何挽回这份逝去的感情时，她就在班级群里看见了前男友的婚纱照——照片中的他笑得很灿烂，和当初站在自己身边时一样。

周茉向单位请了一周的假，她想去前男友的家乡看看——她怕自己如果不去，未来会就此沦陷。

周茉快到男友家的时候，看到有一位老人在黄河边灌了几桶水——泥浆翻滚的黄河水在水桶里显得十分浑浊。

周茉不解，走近却发现，水慢慢地变清澈了。那是因为，浑浊的泥沙沉淀下来，上面的水变得清澈了。全部沉淀的泥沙只占整个桶的五分之一，而其余的五分之四都是清水。

她看着黄河水想了很久。

是不是生命中的幸福与痛苦也是如此——当你心绪不宁，执着地想要找到某个生活答案的时候，就像黄河水一样，永远是浑浊一片；只有静下心来，慢慢等待，就像灌到桶里的黄河水也会变得清澈。

周茉问自己："你的人生沉淀下来，会有多少幸福？"

那些痛苦就如同河里的泥沙，你越执着搅拌越浑浊，最后反而惊扰了更多的清水。不如静下心来，沉淀生命。

有的人之所以感觉生活是痛苦的，主要原因是他们对待痛苦的态度不同。浊水静下来，又会恢复清澈与透亮。同样地，如果我们能够静下心来，让痛苦沉淀在心底，然后随着时间而逝去，那大部分生活空间就会被幸福充实。

过去，没有片刻宁静，在匆忙和浮躁中我们拼命地摇晃生活，使生活变得一片浑浊，也使幸福都掺杂了痛苦的成分。

人尤其是在烦躁的时候，更容易疯狂地摇晃自己，使心浑浊，于是时时感到痛苦、烦恼、焦虑。这不是因为痛苦多于幸福，而只是我们用了不恰当的方式——让痛苦像脱缰的野马，随意奔跑在心灵的每一个地方。

想要获得幸福，不如让自己沉淀，而这只需要你做到：

1. 永远做好准备。仓促行事反而会乱了心神，不如提前做好准备。

2. 接受帮助。你不仅需要接受别人的帮助，甚至还需雇别人来帮助你——将一部分事情授权给别人做，可以使你有更多的精力去做更有意义的事。

3. 学会拒绝，并坚守底线。拒绝别人，对于坚持你所设定的底线非常重要。如果说"不"对你来说非常困难，请记住：多余的事情只会消耗你在真正重要的事情上花的时间。

生活不可能永远风平浪静，既然控制不了风浪袭击的时间，就沉淀好自己的心情，在风浪来临前站稳方向。风浪过后，给自己一点时间沉淀泥沙，忘却痛苦，拥抱幸福。

3. 人总是会活出一个方法

他们选择了各自认定的生活方式，或朴素、传统，或叛逆、激进，或虔诚、笃定，但他们都收获了我们羡慕的内心从容、自足的美好。

每个人的心里都会藏着一部电影、一首歌、一本书，那可能代表着自己的一个时期，或一直渴望的生活。

我曾羡慕过显赫的权势，后来发现那更多的是虚假和孤独；我曾羡慕过巨大的财富，后来发现那更多的是显摆和堕落。原来，每个人都会有最适合自己的一种活法。活出自我，笑看得失，而后就会获得幸福。

他叫风子，是一名流浪歌手，人很瘦，头发有点长。第一次见到风子，是在昆明茶马古道青年旅舍的院子里，他正坐在长板凳上弹着吉他唱歌。

风子在北京开过琴行，专门教别人弹吉他。前年4月份，风子关掉了琴行，处理了所有的物件，离开北京只身去流浪。在车站的餐馆里，朋友问他："风子，你要为梦想做些什么呢？"

风子说，他只想唱那些自己想唱的歌，给那些想听的人唱。这些年他去了很多地方，像济南、开封、西安、武汉等，但他在每座城市停留的时间并不长。一路上他也认识了很多朋友，并和他们一起疯玩，然后分别。

风子不知道自己会走多久，走多远，会遇到什么人和事。那时候，他有些迷茫，停不下脚步。

风子在拉萨遇见了一个叫福大的姑娘，她正背着帐篷徒步环游中国，已经行走了两年。其时，她刚穿越可可西里，躲过狼群，回到了拉萨。

福大漂泊了很久，但内心依旧澄澈。那时候，风子和福大在人民路的一堵围墙下面卖唱，每天会唱到很晚，经常到夜里12点。

等到摊友们收摊的时候，旅社老板会开着一辆三轮车去接他们。车里坐着五六个人，堆满了各种包，还有吉他。虽然开着的是简陋的三轮摩的，在夜晚吱嘎吱嘎缓慢地走着，却别有一番风味，是一件很让人愉快的事。

后来，风子他们一群人离开拉萨，去了大理。在丽江的时候，他们借宿在当地居民家里。每天中午起床，吃吃喝喝，逛逛古城，没事去水库游游泳，偶尔做点手工艺品，或到酒吧卖唱，一天天就这么过去了。

再后来，福大要回家了。她问风子："要不要一起回去？"

风子什么也没说，只是给福大唱了一首歌，歌词却只有一句话："我不是那出了名的民谣歌手，我什么都没有，你不嫌弃就跟我一起走。"

一曲罢，福大已泪流满面。第二天，福大一个人离开了。

晚上，风子在新华街卖唱，天色渐黑，琴包里的钱多了起来。

旁边摆摊的老奶奶走过来，想要给风子编一个彩辫。

看着老奶奶蹒跚的脚步和佝偻的身体，想到她生活不易，才逼得在夜里讨生活，风子接受了她的提议。根据彩绳的粗细，有两元、3元、4元的，风子挑了一根4元的。老奶奶编得很快，却在风子最后给钱的时候拒绝了，她说："你赚钱不易，不收你的钱。"

云卷云舒，转眼已是7月，风子再次站在大昭寺广场，看着熟悉的场景，他决定停下来做一些事情，比如写写路上的故事，写一些新歌。9月，风子录制了他的专辑，并取名《在路上》。

专辑一共有七首歌，每一首都写的是在路上的经历，有的写自己的人生，有的写心爱的姑娘，有的写萍水相逢的感动……每一首歌都是内心深处的独白，听歌的人总能深深浅浅地感受到那种悲伤。

双双是这座城市一名普通的小职员，有一份不算好也不算坏的工作，还有自己的家庭，日子虽不富足却也不贫瘠。但是，双双总是不快乐，她厌倦了这种平淡的日子，想辞职，却在亲人的劝声中迷茫了。她不知道自己最适合哪种生活，也没有勇气去验证。

听到风子的故事后，双双渴望和风子一样去流浪。后来双双来问我，她能不能过和风子一样有趣而刺激的生活？

我摇头道："你不能。"

双双有些恼怒，一再质问原因，我只好告诉她：

1. 你对未来的方向不确定。

2. 你对信仰迷失了。

3. 你没有勇气承担选择想过的那种生活后需要付出的代价。

所以，风子就该是那样的自由，而双双就该是这样一生波澜不惊。他们选择了各自认定的最适合自己的生活方式，或朴素、传统，或叛逆、激进，或虔诚、笃定，但他们都会收获内心从容、自足的美好。

双双并不懂。

我问她："你见过朝圣吗？成千上万的信徒三步一跪、一叩，口中念念有词向着圣地拉萨而去，那画面令人敬畏。"

因此，无论我们当下困在何种生活中，哪怕不安、焦虑、挫折缠身，但看到有人还在如此虔诚地坚守信仰，就会获得坚定的力量去发自内心地相信：虽然美好得来不易，但它一直存在。

双双仍是一脸困惑，说她找不到活出自己的方法。我只能告诉她，需要这样做：

1. 活在当下。将每天都当做生命的最后一天，让每一天都出彩。

2. 不急躁，不焦虑，让内心变强大。能与不喜欢的人和事物和平相处，却不同流合污。

3. 直面挫折。挫折会来，也会过去，没有什么能让人气馁。

4. 学会和自己相处。不轻视自己的内心，抓住快乐就不轻易放手，过自己想要的生活。

5. 不羡慕别人，也不自贱。生活的方式有无数种，不要因为去迎合别人委屈了自己。

6. 学会努力争取，超越自己。最适合自己的活法，一定在你努力寻找它的路上。

生命有无数种形式，活法不止一种——别人看着自然，自己活得别扭，是一种；自己活得自然，别人看着别扭，也是一种。在这个世界上，过自己喜欢过的日子就是最好的日子，活自己喜欢的活法就是最好的活法。

无论是风子、福大，还是其他在路上流浪的人，他们之所以让我们感动，是因为他们都是真实存在的人，只是不在我们的生活圈里罢了。他们最让人羡慕的地方，不是有勇气说走就走，随性而为，也不是多么看淡功名利禄，而是他们内心丰盈，选择了自己想过的生活，就算苦中作乐也觉得幸福。

这个世界是贫瘠、浅薄的，还是丰富多彩、趣味盎然和充满意义的，只是视你的内心而定。所以，你与其羡慕书中那些人丰富的经历，不如羡慕他们强大的内心。

正如泰戈尔所说："一路上，花自然会继续开放。"

4. "天黑请闭眼"是纪实片，不是恐怖片

不是所有的鱼都会生活在同一片海洋里，也不是所有的小鱼都会被大鱼吞掉。

人生在努力过后，需要的是顺其自然。

多少球迷痴爱着运动员在球场上挥汗如雨，激烈而专注的模样，却很少有人会深思他们在球场外疲惫、浑身酸痛和孤寂的样

子。人们歌颂运动员的辉煌时刻，却不曾问他们疲不疲倦，需不需要休息。

真实的生活从来都是这样，不仅有光鲜的台前，还有不堪的幕后。

柚柚离婚后，一个人生活。

下班回到家里，看到早上急忙出门时弄了一地的杂物依然安静地躺在地板上。夜里被梦惊醒，想回头寻找他的安慰之际，看着空荡荡的家，蓦然想起，从此，生活里不会再有他了。

"有时候三言两语所造成的误会，最后会成为千言万语也解不开的心结。"柚柚用一句话解释了自己失败的婚姻。

春节，柚柚一个人去吃火锅，邻桌的人问她要不要一起，她的眼泪瞬间落了下来。那大概是她人生中最痛苦的时期，离婚，找工作，交房租、水电费……任何一件小事，都可能成为压垮她的最后一根稻草。

她记不起自己在黑漆漆的夜里哭过多少次，而为了节省暖气费，她就盖着几层沉重的棉被睡了，时常压得她喘不上气来。

那时候，几乎每天柚柚都想打电话告诉他，其实她过得没有像自己说的那么好，还是会经常想他、梦见他。只是，时间让柚柚学会了沉默，因为她知道，很多路都要一个人走——孤独大概是每个人的常态，咬着牙熬过去就好了。

后来，她熬过了无数个刮风下雨的夜晚，不管当时有多么害怕、孤独，第二天都会照常起床、上班，就好像什么事也没有发生过。

　　柚柚的第二段次婚姻来得很偶然，那是她与前夫离婚后的第二年。在一次书友会上，她意外地遇见了初恋男友，久别重逢所带来的是青春的美好印记。

　　随后的一段时间里，两人一起吃了几顿饭、看了几场电影后，初恋向柚柚表白了。但这一次，她却没有马上点头。柚柚说，她最怕的不是自己错过了最好的人，而是遇到了刚刚好的人时，却已经丢失了最好的自己。

　　那段过往如同一团黏糊糊的污泥，砸到了她的人生，从此她的整个世界都是漆黑一片。那个年轻的自己，在听过几首歌、爱上过几个人、经历了一场婚姻后，瞬间老了。

　　随即，柚柚便开始逃避——她谢绝了初恋的邀请，婉拒了初恋的帮助，拒绝了与初恋的一切交集。但命运总是捉摸不定，该是你的你想逃也逃不掉。

　　某天傍晚，柚柚家门前堆起了一大片玫瑰花瓣，而初恋就站在花瓣中间。看到她回来，初恋展颜微笑，说："柚柚，不要再逃避了。柚柚，我爱你。"

　　他接着说："人生如同列车，沿途会经过高桥，也会经过山谷、隧道，会驶向黑夜，也会迎来晨阳，有阳光，也有暴雨，但总归是向前的。人生要顺其自然，遇到瓶颈就休息一下，因为一切迟早都会过去的。"

　　其实，有些坎并不是那么难过，有些感情并不是那么铭心，也许喝杯水就能冷静，也许洗把脸就能清醒，给自己一个缓冲，别火急火燎地自我否定。

　　无论是感情中，还是工作上，柚柚这样的姑娘并不少见。她们对自己的要求异常苛刻，常常将自己弄得疲惫不堪，原因大概是：

1. 对过去的失败耿耿于怀。

2. 对当前的自己没有信心。

3. 对未来不敢有太多的要求。

李然今年 36 岁，工作了整整 11 年。年初的时候，她怀孕了，然后生活仿佛陷入了一场拉锯战。

李然 31 岁才结婚。年轻时，夜以继日地加班让她无暇谈恋爱，她用一场又一场会议填充了自己的生活。婚后，她也并没有闲下来。她说，人生如同一场战役，只有无时无刻地保持着作战状态，才能在未来漂亮地赢。

李然也许是成功的，她住上了豪宅、开着豪车，凭自己的能力在上海金融圈里刻下了自己的名字。

可是，她也有遗憾，也会疲倦——她已经很久没有悠闲地坐在玻璃窗后，喝一杯亲手煮的咖啡，尝一口飘香的奶油焗饭，不带有何目的地和朋友聚会，或者只是安静地看一本书，闭上眼睛打一会盹儿。

青春期的李然，并不觉得自己的生活有什么不好，当父母或者周围的朋友都劝说她不要太辛苦时，她对此不以为然。

忙忙碌碌地向前冲刺，只会忽略沿途的美好。人生还有那么多事要做，又有那么多事是注定要放慢脚步，需要耐心等待的，因为盲目奔跑太容易跌倒。如果不想一摔即倒的话，不如放慢脚步，休息一下，喝一杯茶，聊几句话。

李然当时义正辞严地拒绝了。她说，自己怎么能在该奋斗的年龄选择安逸，那种生活应该是自己在七老八十再也走不动的时候才会过的生活。

当时，李然全然不知什么是疲倦，她只感觉到自己身后仿佛有一个狼群，奔跑得慢一点就可能葬身狼腹。她也享受着奔跑的过程，享受着大脑因为紧张而带来的刺激。

现在，李然茫然了。周围的朋友虽然事业可能并不如自己，生活也没有自己富裕，但他们养着一个孩子，下班回家会和孩子一起说说学校的趣事，临睡前会和爱人分享一天的工作心得，节假日会陪着孩子一起去郊游。他们的日子过得温馨而自在。

这一刻，李然恍然大悟。过去几年里，她将自己拉成了一张弓，人生永远处于紧绷状态——因为人生原本就是一场比赛，有激烈的竞争，也有安逸的中场休息，而这关键的中场休息就是从一个境界到另一个境界的跨越。

那一刻，李然对自己说："生命在努力过后，不妨多一点顺其自然。我们要做一个懂得欣赏生活的人，不能盲目冲刺，不能患得患失，不能回头看，从今以后去过另外的生活——你要知道，不是所有的鱼都会生活在同一片海洋里，也不是所有的小鱼都会被大鱼吞掉。"

要知道，有时候无能为力不如顺其自然，毕竟生活就是这样。芸芸大众竭力所追寻的，也不过是如下的生活智慧：

1. 比"奋斗"更重要的是内心的淡泊与宁静。

2. 奋斗是为了自己的兴趣，不是为了爬上社会的"梯子"，或获得他人的赞许。

3. 不必追求"完美"，不必非得"上进"，记住：上善若水。

4.爱惜自己，关爱内心感受，净心得以心静。从不介意外界的评判，懂得及时放手。

其实，很多时候你的不开心都来自自身：有些事明摆在那里，不能改变，那就顺其自然。对别人少点依赖，对生活少点奢望，努力活出自己想要的模样，学会取悦自己就够了。

越有故事的人越沉静、简单，越肤浅、单薄的人越浮躁、不安。到了一定年龄，便要学会寡言，每一句话都要说得有用、有重量、有意义。喜怒不形于色，大事淡然，小事沉着，有自己的底线。

现在，依然有很多人在漆黑的夜里不停地奔跑着，暴风骤雨虽然阻挡了他们的视线，但依然不能让他们停下一秒——也许他们不是不能停下，而是不敢。他们如同在进行着一场耗费体力与毅力的"杀人游戏"，只有不眠不休才会换来安全。

但生活并非如此。

天黑请闭睛，即将来临的是香甜的梦和清亮的未来，并不是残忍的杀害和狼群。

"天黑请闭眼"是纪实片，不是惊悚剧。不要让自己沉浸在黑暗之中而无法自拔，不如乘着夜晚泊船靠岸——短暂的休息，总是为了能更好地出发。

5.时间用在哪里，掌声就会响在哪里

在坚持面前，任何坚硬的石头都会被水滴穿。要知道，一心一意是世界上最温柔的力量。

时间用在哪里，回报就在哪里。

这个世界上，有许多事你做了不一定有好结果，但是不做是百分之百不会有收获的。或许，你所做的每一件事，只是拨动了生活的一个小齿轮，但它们都会对将来产生巨大的作用。

有些事总是出乎意料，但仔细想想，却又在情理之中。

昨天，安南在朋友圈发了一条状态：三年前，我在做"37°声线"，你在哪儿？大家络绎不绝地留言，瞬间就像是打开了一道记忆的闸门。

安南是杂志社的一名绘图编辑，三年前他突然迷上了音乐。他说，每一道声线都有自己的温度，而他渴望将温暖通过话筒传给都市里寂寞的行人，传给远方的旅人。

安南偶尔会到酒吧驻唱。也是在那里，他初次深刻地了解到，原来音乐并不是自己想象的那么简单。从那以后，安南总在凌晨回家，又在天不亮的时候去上班，日子虽然忙碌，内心却很充实。

半年后，安南开了自己的"37°声线"电台，并有了一批忠实听众。他们相互陪伴，一起成长，在一个个冰冷的冬夜里，用文字和声音温暖着彼此。甚至，后来从网络延伸到现实后，他们也如亲人般的自然和亲昵。

有人问安南，你是怎么从编辑做到电台主播完美跨界，然后收获事业的成功的呢？

安南说："欧洲有一个小镇里松鼠遍地，它们常常会闯入住户家里偷食，甚至会惊扰居民喂养的小鸟。最初，居民会买来一些防松鼠的喂鸟器，但效果并不理想，松鼠依然泛滥。当地政府只能在道路两侧搭建一些让松鼠居住的小窝，并专门雇人投放食物。

"你知道防松鼠器为什么没效果吗，因为每个人每天最多愿意花费 10 ～ 15 分钟时间来阻止松鼠偷食。但是，松鼠会在它醒着的每时每刻都来偷食。

"松鼠一生 98% 的时间都在用来寻找食物。在执着的松鼠面前，人类聪慧的大脑和健硕的体魄节节败退了。我对待音乐，就如同那只为了生活而寻找食物的松鼠——醒着的每一分每一秒，我都恨不得献给音乐。"

年底的市区工作总结会上，安南被提名为"优秀电台主播"，和他一起被提名的均是传媒界的老前辈。晚会现场，安南抱着一把吉他坐在舞台中央，自弹自唱了一首《光阴的故事》。他起调很低，更像是在念一个故事，而那低沉的声音却让现场一大半人落了泪。

安南是半个月前刚学会吉他的。如果三年前有人告诉他，三年后他将拥有自己的电台，他会觉得是白日梦。而现在，他守着自己的这场梦，只愿沉醉不愿醒。

有人问安南，世上有没有成功学，安南一笑："世上哪有什么成功学，有的不过是选择与付出。"

选择一条路，这条路未来也许繁花似锦，也许荆棘满布，但都请你义无反顾地走下去。而你的付出，就像是这条路上的马车，付出的多少与马车的速度、走过的路程成正比——想快点到达终点，就需要花费大量时间。

也有人反驳安南："为什么我付出了全部时间，却依然一败涂地？"

安南解释说，更应该问自己这样几个问题：

1. 你是在盲目地虚度时光，还是在利用时间全力以赴？

2. 你的方向选对了吗？通往成功的路有千万条，方向却只有一个，那就是前方。

3. 你确定付出了足够多的时间吗？

4. 你做好准备，然后用飞奔的速度开始了吗？

你的竞争者不仅仅是你自己，还有更多起点比你高、能力比你强的人。当他们开始奔跑的时候，你要做的只能是以更快的速度冲刺。这场持久战，比的是谁能最快抵达终点。

身为"朝九晚五"的上班族，你的时间都花在哪里了呢？

上班时，你是否有一个详细的工作计划而不虚度每一分钟，还是在喝茶、看报、上厕所，等着下班？或者是在偷偷聊天、发呆、发牢骚、抱怨，看与工作无关的网页等？

时间用在哪里，掌声就会响在哪里。

时间用在健身上，收获身材与健康；用在学习上，收获智慧与技能；用在职场上，收获事业；用在家庭上，收获婚姻。聆听自己的内心，和自己对话——每个人想要的不同，方向就会不同，你不能将时间浪费在错误的事情上，最后空悲叹一场。

很少有人会为一个人的天赋买单，那些鲜花与掌声，皆是为了肯定某个人在某件事上所花费的时间。

我身边的闺密，无一例外都是精致的女性。她们可以在一个清晨早早醒来，为家人做一餐美味；在一个周末，用去大半日来煮一盏茶、插一束花；在风清云舒的日子，一个人坐车去别人垂涎的远方自由呼吸……

她们衣着整洁、妆容精致，不浮夸也不随便。她们将生活过得有声有色，生活的每个角落都会飘着几缕花香。

很多人觉得，那大概是因为她们有钱又有闲。

那天，一个朋友 H 就好奇地问我："你的那个朋友为什么皮肤那么好？身材那么棒？还懂那么多时尚、高端话题？她有什么秘诀吗？还是她家里特别有钱？"

我问她："你每天用多少时间护肤？用多少时间锻炼？用多少时间学习？"

H 想了想，说："早晚半个小时吧。不过，我已经好久没有锻炼，没有读书了。"

我说："这就是答案。她每天要花五六个小时在这些上面。"

H 震惊了，问道："怎么可能有那么多的时间，她不用上班吗？"

"相反，她是部门经理，每天会议不断。"

大家身边一定有这样的姑娘：当你趴在床上看漫画、吃薯片的时候，她在健身房流汗；当你躺在沙发上看无聊的电视剧时，她在读书学习；当你熬夜刷微博、朋友圈的时候，她已经躺在床上听着音乐，敷上了面膜；当你周末宅在家里鼾声震天的时候，她已经结束了茶艺课程，奔赴瑜伽课。

你疲于应对的运动、护肤、厨艺、文艺爱好等，对她而言却是生活的享受。

其实，成功很简单。你喜欢插花，那么每天用一个小时与鲜花为伴，生活就会到处充满花香；你喜欢阅读，每天阅读一个小时，你会发现生活更加从容；你喜欢摄影，每天练习一个小时，你终究会变成摄影达人。

时间是公平的，你将它花费在哪里，掌声就会响在哪里——在时间里的我们，都会成为我们想成为的自己。

那么，我们该如何充分利用每一分钟的时间呢？

1. 对时间的自我管理。时间如同天空中的云，手握不住，网捕不着，会毫不留情地飘向远方。

2. 对美好的执着，对梦想的追求。在执着面前，再强大的困难也会不堪一击，再厉害的陷阱都不是问题。

3. 对自己一心一意。在坚持面前，任何坚硬的石头都会被水滴穿——要知道，一心一意是世界上最温柔的力量。

4. 记录时光的踪迹。把每天在每个时间段做了哪些事详细地记录下来，这样，你就会发现你浪费了哪些时间，从而找到浪费时间的根源。

5. 分清生活的主次关系，把重要事情放在第一位。问题都分轻重，有的可以暂缓解决，有的需要马上解决，要分清主次，不要被次要的工作耽误了时间。

6. 减少对生活的抱怨，多给成功一点时间。假如一件事你坚持了一年没有收获，那么再试着坚持三年。有时候成功迟迟不来，并不意味着时间被浪费了，而是成功还在赶来的路上。

曾经，一个姑娘跟我抱怨，说有些事是天生的，难以改变，比如她的身材、她的智慧。她想减肥，可是锻炼了一周，体重没有丝毫变化；想考证，几次都以失败告终：她哀叹命运不公，人生凄惨。

我只问了她一句话："你为这些事付出了多少时间？"

你要知道，世界上天生颜值好的女人毕竟是少数，更多的气质美女靠的不是上天的眷顾，而是自我的不断雕琢。

一副非天生的好身材，一定离不开背后锻炼时大汗淋漓的付出；谈吐优雅，口吐莲花，一定离不开耳濡目染的熏陶和许多文字的滋养；广博的见识，一定离不开"读万卷书，行万里路"。

但行好事，莫问前程。切记，闲暇的时间用在哪里，掌声就会响在哪里。

6. 成功没有奇迹，只有轨迹

成功者选择的路，是一条最遥远的路，并且不能后退，也不能拐弯，只能往前走去。

每个人的一生，都会花很多时间在有趣的事情上。

正是这些有趣的事情，经过时间的浸染和自我意识的不断加强，变成了坚持，变成了梦想，变成了人人争相传言的成功。

10 年前，我找到大飞，说："我们要开一档深夜情感节目，缺一名主播。"大飞当时并不想换工作，但是很好奇，就和我一起到电台看了看。

新栏目定名为《一座孤岛》，原因是这档节目的制作人严凯觉得，世界上的每个人都是一座孤岛。

两人在屋里聊了一个多小时，大飞决定辞职来做主播。我当时只说了一句："这是条很长的路，你要做好准备。"

大飞刚到节目组，没有任何做主播的经验，日子不好过。加上这是一档新节目，没有广告收入，我们常常会陷入经费不足的窘境。严凯当时是制片人，压力比谁都大，但也不能对大飞拔苗助长，只能心里干着急。

有一阵子，大飞主持节目时，连听众的情感问题都不会分析了。就像那天，大飞在和听众的连线中静默了10余秒，我只好插入一首乐曲进去。他瞪着眼坐在桌前，神色有些压抑。

节目后，严凯、大飞和我，三人坐在路边摊喝啤酒。严凯从来没安慰过人，那天晚上却罕见地表达了自己的柔情。他说："人们号称最幸福的岁月，其实往往是最痛苦的，只不过回忆起来非常美好。"

那天晚上，我们三人喝了很多酒。在凌晨3点的城市街道上，我们坐在马路边，看对面高楼上反衬的点点星光。

大飞说，要想被更多的人仰望，只有站得足够高。

我们坚持了半年后，逐渐收获了一些听众，也有一些广告商来寻求合作，但其中很大一部分是些低俗广告。而严凯总是会义正辞严地拒绝他们，他说节目可以穷，但不能没有品格。

一年后，我因为留学离开了节目组。等我回国后，《一座孤岛》情感节目已经在这座城市火了起来，严凯很少再为经费而发愁了。大飞也成为小有名气的主播，甚至还在一所大学里开设了课程，定期去教教学生。

我们三个再一次回到曾经喝酒的小摊，我感慨地说："真想不到一别经年，曾经三人想做的事情终于成功了，而我成了里面唯一的逃兵。"

我问大飞："主播做起来好玩吗？"

大飞点头说："非常好。"

大飞喜欢在节目中听各种各样的故事，就仿佛与各种有意思的人相遇。他说，节目里曾经有一个45岁的创业者分享了自己的故事：他在 37 岁那年投资失败，近千万资产一夜间蒸发了。他想过放弃，或者就此潦倒一生，但内心的不甘让他决定重新开始。

那些不眠夜，他一次次找投资人，一次次被拒绝。终于，他东山再起了，那些他以为再也不用尝的艰辛，他又重新尝了一遍。用了七年的时间，他重新站回到曾经的高度，甚至比之前更高了。

大飞说，这个创业者让他感慨，也让他明白：成功哪有什么捷径，只能一步步踩出脚印来。

人生就好像行走，你可以选择停下，就此平庸一生；也可以选择一路向前，将脚印留在身后。而成功者选择的路，是一条最遥远的路，并且不能后退，也不能拐弯，只能往前走去。

太多人不明白这个道理，总是不断询问为什么自己不会成功。原因不过如下：

1. 没有设定自己真正想要实现的目标。很多时候，我们发现自己"转动轮子"，终日和时间赛跑，却没有到达任何地方。这是因为，我们不知道自己真正想要去哪里，内心的渴望从来不被有意指引。

2. 没有计划。计划就是带你到哪里去的地图，毫无章程地乱撞，迟早会在途中迷路。

3. 没有坚定的毅力。最怕的不是走向成功的路有多艰难，而是害怕走过去发现路的那边没有成功，于是半途而废。

4. 不够努力。未来总是未知的，但只要努力，你总会收获自己想要的成功。

5. 沉陷在过去不能自拔。过去已经不能改变，可以改变的是未来。所以，千万不要让过去过不去，而是要将精力花在现在，然后去创造未来。

在大家眼里，苏念安像个异类。从农村出来的她，没钱没背景，作为替补生进入了电视台工作。未红之前，她还经历过一段失败的婚姻；即使红了后，她也从没想过粉饰自己的经历。

作为一名公众人物，苏念安不会挑着好听的话来说，总是该说不该说的都倒出来。经纪人不止一次语重心长地提醒她，不要啥都说，怎么跟谁都掏心窝子！但是，她还是一如既往地不遮掩、不设防，甚至不加修饰地说着。比如说到小时候家里条件不好，妈妈把一小碗螺蛳粉做到极致时，眼泪就哗哗地流了出来。

在电视台的 10 年，她用努力和天赋为自己赚到了炫目的标签："台柱子""一姐""中国最好的女主持人之一"……凭着凡事用心做的态度，苏念安笨拙而用力地度过了她漫长、煎熬的 10 年主持生涯，却也该得到的都得到了，不想得到的也得到了。

去年，苏念安被邀请到某大学去演讲。原以为这会是一场类似娜塔丽·波特曼在哈佛的演讲，完美而激动人心——可苏念安再次证明，她多么想要过一次不按常理出牌的人生。

她彻底放弃使用了 10 年主持生涯练就的技巧，就这么全无防备地诉说着自己的无力，直到哽咽忘词，演讲突兀地中断。但是，在座的每个人仿佛都能在她的演讲中找到自己的影子。

苏念安说，作为一个急躁的狮子座，她曾尝试在尼泊尔雪山下的湖水中静静泛舟，听风吹的声音。

做着一个靠嘴吃饭的职业，她却在尝试像匠人一样动手打磨一件物品。万事有所畏才能有所成，畏"静"才要去练"静"——

作为一个胆小鬼，她去尝试勇者的游戏，是为了突破自己内心的边界。

为了更快地成功，她去做所有曾经不敢做、不愿做、不想做的事，再也不是自在任性的小孩子了。

或许人生总是这样，无论你想获得金钱、荣誉、地位，还是大智慧，总会逼着自己进入让自我痛苦的核心，做最艰难的事情，然后顿悟人生的真谛。

苏念安说："以前我以为过不去的坎儿，其实都会过去。就像我做仰卧起坐，腹部疼到不行了，跟教练说：'我做不了了。'教练说：'你再坚持一下。'然后，我真的又坚持下来了。我就跟自己说，人生也是那样子，这一关对我而言是很难过的关，但是咬咬牙也能过去。"

其实，人生就是这样。

人人都想摸到成功的大门，却不是人人都能找到通往成功门前的路。太多的人一生跌跌撞撞，到头来也不会弄明白，成功其实就是自己和梦想死磕的过程。

成功不是唾手可得那么简单，也不是如挂云霄那么艰辛，想要获得成功，需要具备以下五点：

1.清晰的个人定位。没有不可利用的垃圾，只有放错位置的资源，每个人一定都有一个适合的行业值得自己为之付出。

2.不盲目跟风。成功的形式多种多样，但只有一种最适合你。

3.强大的执行力。无论成功多么炫目，接近它的要领一定是脚踏实地。

4. 与优秀人物为伴。和什么样的人在一起，决定了你的事业所能达到的高度。不同的圈子会有不同的资源共享，从自己的实际出发，在不浪费钱的基础上，有选择地参加。

想要进入优质圈子，就一定要有与之匹配的优秀——人脉不是秀一秀就有的，你要做实力派。有时候，成功离你只差一个坚持的距离。

生命的每一个阶段都应该有一个目标指引，这样，我们才会为此坚定、踏实、不懈地奋斗。

没有哪一种生命的轨迹是偶然出现的，它的出现总是会遵循一定的规律，然后在一个合适的时间爆发出来，这就叫作奇迹。

7.愿你有充分的忍耐选择担当

看，你讨厌的那些人，轻易地就把你变成你自己最讨厌的那种样子了。这才是"敌人"对你最大的伤害。

几天前，朋友给我发了几张照片。

看着照片，我有些心疼，也有些羡慕——那个曾经抱一把吉他无病呻吟地唱歌的少年，跑步跑 200 米就能气喘吁吁，却大言不惭地说"书生就该手无缚鸡之力"的少年消失了。

照片上的他，皮肤被晒成小麦色，一身军装，在阳光下笑得张扬。我羡慕他此刻的光鲜亮丽，却也清楚他在背后必然有我不曾了解的付出。

最后一次通话的时候，他说刚刚结束训练，现在浑身是伤，但心里依然是自豪的。

这就是梦想，总有人会为了它奋不顾身！

大学毕业前夕，他兴冲冲地跑到呼伦贝尔去体检，准备当兵。回来后跟我说，那里的天空很高、风很大，城市很安静，他第一次在完全陌生的城市和陌生的人一起吃饭、洗澡。

经历了度日如年般的等待，他如愿以偿地被分到了边疆区，那时他在操场上振臂高喊：为祖国奉献青春！

他走后，我们的联系就逐渐变少了。难得通一次话，他欲言又止，说不适应环境，训练艰苦，思念家人。他那边在故作坚强，我这边却泪花在眼眶里打转。

我知道他很优秀，也知道生活就是这样。冯仑说："伟大都是熬出来的。"是的，每一次成功的背后，都有疼痛的忍耐。

年后，他器宇轩昂地出现在我面前，和我谈起了那段经历时，说："那段刻骨铭心的日子叫成长。"

他说，最痛苦的是夜晚的模拟作战，在零下十几度的天气里，静静地趴在结冰的地面上——寒气如一条小蛇透过冲锋衣一点点侵蚀身体，然后钻入血管。不过，整个人就算被冻僵，就算睫毛上挂满冰碴儿，也没有人会动一下。

但冲锋号一响起，大家会犹如鱼跃一般腾空而起，向虚拟的战场冲去。

指导员说："黎明前的等待最需要忍耐，号角吹响的前一秒，需要的也是忍耐。"

他说生活如战场，许多人逃避现实，不敢选择和担当的原因，很大程度上是因为没有足够的耐心。这主要表现在：

1. 不相信自己可以做到，于是不会去忍耐一时的艰辛。

2. 不确定自己的梦想，于是没有忍耐的动力。

3. 没有强大的意志力，于是没有忍耐的素养。

经常听见有人抱怨，说他的生活不如意：领导刻薄，同事勾心斗角，朋友见利忘义。对此，有些人愤怒，有些人敬而远之，有些人选择沉默。

有时候，我也会站在崩溃的边缘，口中喊着："坚持不住了！""熬不下去啦！"可是，过几天你会发现，几天前还难过得死去活来的我，依然光彩照人，并整装待发了。难过、痛苦随着时间消逝，仿佛摇身一变，成了今日与人谈笑风生的资本。

"你呢？你吃了多少苦，才有了今天的成就。"看着对面的叶润之，我提出疑惑。

叶润之烦躁地将病历卡摔在桌上，一只手捏着眉心，很久后大舒一口气，抬头看着我，说："我曾经付出了多少忍耐，而这一刻，谁都不能阻止我。"

叶润之是一名实习医生，留学回来后，一头扎进了医院的胸外科，每天与各种各样的病人打交道。但他乐在其中，并享受着工作的快乐。

他说自己热爱医生这个职业，当初为了更快地考上医师资格证，每天睡眠不超过五个小时用来背诵各种药物的缩略词，同时还翻阅了上百篇论文。

他拒绝了周末和朋友去打球、逛街等一系列活动，将全部心思放到了学习上。他查阅了上百个胸外科的经典病例，做了无数次试验。为了练习外科结，他曾经一只手吃饭，一只手不停忙碌着。

他拒绝了朋友，拒绝了休闲，将自己全部身心投入到专业课上。他忍受着孤独与寂寞，忍受着生活的疲惫与单调。终于，他研究生毕业，并顺利考下医师资格证，留在了这所国家级重点医院，成为一名实习医生。

回忆过去，叶润之终于找回了神智。他刚刚在手术台上经历了一场失败的胸外科手术，病人最终还是没有救过来。

一条生命的陨落，给他带去了沉重的打击，他甚至怀疑自己根本不适合这项工作。

在生活、工作中，常常会遇到某种事、某种人让我们为之动怒。如果你能冷静下来，仔细地想想，事情的发展也许就会有好的结果——忍耐，不但对自身的健康有利，而且有利于改善人际关系。忍一时风平浪静，退一步海阔天空。

里尔克说："愿你有充分的忍耐去担当，有充分单纯的心去信仰。请你相信：无论如何，生活是合理的。"我喜欢读书、旅行，也是希望通过这些能够让我更宽容地去理解这个世界。

现实中，我们总是在意别人的言论，不敢做自己喜欢的事情，追求自己爱的人，害怕淹没在蜚短流长之中。其实，没有人真的在乎你在想什么，不要过高估量自己在他人心目中的地位。

被别人议论甚至误解都没什么，谁人不被别人议论，谁人背后不议论别人——但你生活在别人的眼神里，就会迷失在自己的路上。

有人刻薄地嘲讽你，你马上尖酸地回敬他；有人毫无理由地看不起你，你马上轻蔑地鄙视他；有人在你面前大肆炫耀，你马上加倍证明你更厉害；有人对你冷漠忽视，你马上对他冷淡疏远。

看，你讨厌的那些人，轻易就把你变成你自己最讨厌的那种样子了。这才是"敌人"对你最大的伤害。

做你自己想做的，而不是别人想看到的。要努力使每一天都过得开心而有意义，不为别人，只为自己。你需要做到如下几点：

1. 理解这个社会的复杂性，多读书、多学习。

2. 避免崩溃场景的出现。"我没有坐怀不乱的能力，但是我不要给别人坐怀的机会。"你也要对生活中的事尽量有点预见和把控的能力，不要每次都遇到突发事件而不知所措。

3. 该哭的时候哭出来，或者找信得过的人倾诉。不要因为崩溃就觉得自己有问题——接受一个不完美的自己，才能拥有更完美的世界。

4. 要学会克制。工作和生活中经常有不如意之事，即使自己非常生气，也要学会忍耐。记住：那不是懦弱，但一时的冲动可能会让我们失去很多。因为，冲动真的是魔鬼。

5. 要学会承担责任。你已经长大了，不能还像孩子一样再依赖别人，别人不欠你什么。你要不断变得坚强，学会承担责任。因为，社会不需要没担当的人。

6. 任何时候都不要忘记学习。在这个飞速发展的时代里，如果你不想被抛弃，只有不断学习才能更好地应对一切。因为，活到老学到老仍是真理。

　　你顺应了自己的内心，选择了现在的路，就不要轻言放弃，即使再苦再累也要坚持——只要经历风雨兼程，就能看到胜利的曙光。因为，如果你放弃了内心最想要的梦想，将很难再成功。

　　给那些不友好的人一个善意的微笑，既能够让对方无地自容，也能够给别人留下大度且善解人意的好印象。

　　忍耐并不是懦弱，也不会伤自尊，它只是一种宽容的美。

　　生活里，我们会遇到不公平的事，也会遇到让你无法接受的人。我们不能改变别人，所以，与其愤怒地大声指责别人的行为，不如怀着理解的心态给对方一个微笑。

　　我还是愿意相信，冬天来了，春天就不会远了。我也愿意相信，终有一天，你会感谢生命中那段最幽暗的时光。

辑6

疗愈失衡身心：
有疼痛感的人生才珍贵

···

　　我只是我，我只为自己的内心而活。我不可能
讨所有人欢喜，世界上也从来没有可以获得所有人
褒奖的完美之人。

　　不要在意那些不喜欢你的人，多问一问自己的
内心，做回自己，让生活盛开如花。

1. 灵魂摆渡的那方

当时光被辜负、浪费后，才能从记忆里将某一段拎出，拍拍上面沉积的灰尘，感叹它是最好的。

如果一个人开始回忆过去，那就说明，他真的老了。所以，云漾从来不敢回头看自己走过的路，因为那条路上有太多让她心疼的经历。她尝试着去逃避，去遗忘，然后发觉自己竟迷了路，而唯一的救赎是拥抱那些曾经的伤痛。

云漾的衣柜里挂满了裙子，长的、短的，连衣裙、半身裙，浅色的、深色的……她的衣柜，满足了她作为女生心灵最深处关于美丽的一切幻想。

每一条裙子，都是对云漾的芭蕾舞成绩的一次赞赏，但是，她已经连续四年没有收到过裙子了，也已经四年没有任何突破了。

云漾是一名芭蕾舞演员，6 岁学舞，13 岁登台表演，17 岁以一曲《天鹅湖》将她的事业推向顶峰。她仿佛天生就为舞台而生，她每一次肢体的舒展，每一次脚尖的跳跃，都能获得观众的声声赞叹。

站在国际领奖台上，17 岁的云漾尚且不懂成功的真正意义。她成名太早，在此后的日子里，她的舞蹈事业仿佛都在走下坡路——她的一举一动都被暴露在公众视野里，每一个行为都可能会被无限放大。

人们总是情不自禁地将她的任何作品和那曲《天鹅湖》进行对比：她跳得优秀，人们说她本该如此；她跳得不好，人们嘲讽她江郎才尽；她和朋友聚会，人们批评她年少轻狂，不务正业；她在练功房挥汗、洒泪，又有人说她自我炒作。

她想摆脱曾经的角色对自己的束缚，于是不断地尝试各种曲目的芭蕾，并尝试将一些其他舞蹈中的精华添加到芭蕾舞中，但观众并不买账——他们自以为是地将云漾固化成某一个形象，于是，她的任何一个其他角色都被认为透着点东施效颦的味道。

时间越久，越多的人开始质疑云漾是否还能再创经典，是否能逃脱往昔的辉煌带给她的桎梏。云漾安慰自己："欲戴皇冠，必承其重。"

云漾今年 22 岁，这个年龄对于芭蕾舞演员而言并不年轻，后台里那些更青春更迫不及待要登上舞台的小芭蕾舞员，无声中提醒着她，她不久也要离开——那是曾经的云漾，曾经是舞台上的前辈。

云漾说："你看我外表青春洋溢，但撕去这层皮囊，暴露的是一颗苍老的心。我最怕的并不是外界的质疑声，而是和过去的自己一次次地较量。但无论如何，在离开这个舞台前，我渴望再塑一个经典——我渴望自己的事业在最绚烂的时候谢幕。"

她曾经那么热爱的裙子，现在已经没有心思再看一眼了。她心情不好时也不敢大吃大喝，因为她要保持好身体的每一道线条。她将自己所有的青春和汗水都献给了舞台，但是，经典芭蕾舞角色的塑造，不仅是舞蹈技术、整体编排等那么简单的问题，更多地要求天时地利人和。

有时候，云漾也会自我安慰："其实，我已经很幸运了，有多少芭蕾舞演员一辈子都没有塑造出一部经典。"但是，要跳出曾经的桎梏已经成了云漾的执念。

10月份在意大利举办的国际芭蕾舞大赛，来自世界各国的芭蕾精英将在这里角逐。云漾说，她要再一次挑战自己，这是她最后的机会——拥抱过去，然后坦然和过去说再见。

我不知云漾如今是否放下了对过去的依赖，成长为一个独立、骄傲的人；不知她是否挥别了过去的挣扎、痛苦，结束了对过去的抱怨，转而对生活从容地微笑。

其实，生命毕竟是一个漫长的过程，每一寸时光都要自己亲历亲为，每一杯生活的水都要自己品尝。

云漾对芭蕾舞的热爱，让她的内心产生一种执念，这份执念不断鞭策着她前行，但也让她忽略了身边的小美好。比如，她不敢吃自己想吃的任何食物，来不及穿自己想穿的美丽衣服。

她把全部时间都奉献给了练功房，一年四季身上永远是那套练功服——她的执念强大而可怕。但让她产生如此执念的原因，不过是下面几个方面：

1. 对过去不甘心。

2. 一直以来，坚持成瘾。

3. 感觉人生单调，无力诉求。

当对过去的坚持成了瘾，也会扼杀对未来的宽容。即使曾经再美好，我们需要把握并且能够把握的也只是当下——每一个当下都会成为曾经。

　　于歌是"你好·时光"书吧的经营者。书吧面积不大，装修却很有特色。于歌在店里养了两只猫咪，客人常常会看到猫咪趴在桌上打盹儿的画面，宁静而美好。

　　于歌喜欢听进店的客人讲故事，那些曾经被他们铭记的故事。但是，于歌的故事却很少有人知道。

　　于歌曾经是一位舞蹈演员，一场车祸不仅带走了她一条腿，也带走了她的梦想。车祸后的于歌一度脾气暴躁，对周围的一切都怀有恶意和攻击性：她厌恶任何一位身体健康的人，痛恨那名酒驾司机，怨命运不公。她甚至尝试过自杀。

　　直到一次午夜醒来，她看到母亲小心翼翼推开卧室的房门，走到她的床边，给她掖了掖被角，然后离开了。她一直不敢睁眼，但眼泪还是浸湿了枕头。

　　那一刻，她知道生活还在继续。

　　现在的于歌偶尔也会被邀请去舞蹈学校指导孩子跳舞，也会去教那些残疾的孩子练舞蹈。她说舞蹈有灵魂，即使残缺的身体也能在舞蹈中绽放异彩——优雅是唯一不会褪色的美。

　　于歌说："现在也很好，少了观众的瞩目，但内心宁静了。看着那些自己指导过的孩子在舞台上熠熠发光，那是一种别样的骄傲。"

　　悲伤已是过往，何必念念不忘。生活中没有什么过不去的坎，你可以不相信过去，但要相信未来。但是，人性中存在一种劣根性，那就是：我们似乎总是容易忽略当下的生活，忽略当下美好的时光。而当时光被辜负、浪费后，才能从记忆里将某一段拎出，拍拍上面沉积的灰尘，感叹它是最好的。

不怨于事，不困于情，生活中有太多的人和事不可强求。

于歌曾经有一个男朋友，在她车祸后说了分手。那些海誓山盟在现实面前脆弱得不堪一击，因此于歌怨过他，也恨过他，但后来她还是学着释怀了。毕竟，他们曾经的确相爱，而那些在一起时的曾经并不是虚幻的，那时彼此付出的感情也并不是假意。

于歌说："在这场感情里我们都没有错，只是缘分尽了，于是分道扬镳、各奔东西。"

我问于歌："你是怎么做到对曾经释怀、宽容拥抱未来的？"

"其实，你只要放过自己，就会释怀。"她如是说。

的确，那些念念不忘不是因为你还爱着，痴恋着，只是你不甘心而已。当你不知道如何挥别过去的时候，不妨试试以下办法：

1. 尝试着做一些仪式性的事来拥抱过去。比如，剪短头发，吃一顿昂贵的西餐，来一次远途旅行。

2. 过好当下。做一个刚刚好的女子，穿最美的衣服，化最适合自己的妆，做有趣的事，交真诚的朋友，读深刻的书，听让人流泪的歌。然后，继续相信爱情，等待适合自己的人。

3. 接受过去。从你可以过好当下的那一刻起，说明你就已经能坦然面对过去了，然后你会发觉，过去无论美好还是糟糕，不会因为你的现在而发生任何改变。所以，你能做的只是过好当下，再去改变未来。

对过去不再念念不忘，对未来不再忐忑不安。

于歌说："记得当初拖着行李离开乌镇的时候，我跟他说：'若多年以后还能相见，那就像老朋友那样微笑、拥抱吧。'转眼，我离开他已经五年了，假如我们再遇见，我当心无所动，既不炫耀今日的幸福，也不妄提往昔的恩怨。"

生活的简单与否，完全取决于自己的心境。你淡然处事，生活就会风平浪静；你风声鹤唳，生活便不得安宁；你沉沦过去，哀叹时运，过往的岁月就会成为精神的枷锁。

身体不再轻盈，灵魂如何自由？脚步变得沉重，心胸怎会豁达？忘记那些曾经伤害过你的人，在下一个路口和正确的人相遇吧；失败之后，从下一分钟起重新开始吧。这是一个女人最性感，同时最可爱的样子。

雨过天晴又是好天气，与其怀念过去，不如向往未来。让我们从容度过剩下的时光，走完人生吧。

2. 所有精彩，都是心灵的绽放

每一个人都会发光，只要我们愿意并奋力向前，必然能活出自我的精彩。

"门前的芜菁开花了，薄荷昨天刚收获，小黄瓜正鲜嫩。各种颜色的生菜、四季豆摘了一大盆，做成沙拉很是鲜美。我曾以为漫长的时间就这样静静流走了。"

　　这是周五我参加一场吃货活动时，组织者阿林在对我概括他的生活近况。

　　阿林说，他现在的生活如同一部慢镜头的老电影，情节缓慢，没有高潮，但他却投入了心力去对待它，剩下的就看自然的馈赠了。

　　阿林是一位东北男孩，几年前因为厌倦了都市的喧嚣和浮躁，最终回了老家。

　　阿林说，他向往陶渊明笔下那般青山绿水环绕，幽静怡然的田园生活，想依靠自己的双手经营一个渺小却舒适的生活环境，于是一个人开始打造自己心目中的花园。

　　和其他乡村一样，阿林的家乡也有留守老人和留守儿童，至于年轻人，都在城市里打拼。所以，阿林的做法并没有获得家人的认同，从长辈亲朋到同龄密友，一波又一波的人来探听他的心声。他们认为，阿林只是在消极地逃避现实，甚至有人搬出了各种心理学来疏导他。

　　一开始，为了阻止阿林瞎胡闹，父母会在晚上将他白天种下的种子、菜苗等翻出来，并拔掉他种下的花，还在门前的地里撒上石子。但第二天，阿林会继续翻翻土，种上各种蔬菜和花草。

　　迫于无奈，阿林的父母最终妥协了。现在，阿林每天打理植物和蔬菜、制作美食、拍照、写作，日子过得缓慢却井井有条。

　　阿林享受着风吹过田野时掀起的阵阵绿涛，在田里拔除杂草时内心的宁静，夏季溽热后的冰镇糯米酒，冬季用火炉烤制的香甜白薯，熬煮一锅糖栗子与人分享……他一直在认真地生活。每天，收获鲜花与蔬菜、香草是他最开心的时刻，所以每天他都很满足。

阿林对园艺的喜爱不知是从什么时候开始的，在他还是小孩子的时候似乎就已经对植物特别感兴趣了。

上小学时，他偷偷摘过人家地里刚结出来的小茄子，拿着竹竿打过枣，放学路上看到野花也会摘几朵放进书包……类似的事情他干了不少，每每被家人发现总免不了被训斥一番。

工作后，他也试着养过一些植物。每次看到阳台上绿色的植物，他的内心止不住的欢喜。但是，那个时候，他并不知道这个爱好会为他今后的人生带来多大的困惑，他更不知道这会改变他的一生。

闲暇的时候，阿林会侍花弄草，还会给别人看美丽的花，讲关于植物的故事，和他们一起吃用花草做的饼干，品尝用花草做的冰淇淋，喝香草茶……阿林的身边聚集了越来越多像他这样敢于追逐梦想的人。

谈起曾经的都市生活，阿林也只是笑笑，说："所有事情并不是突然就会发生的，很多事情当我们幻想的时候，它们其实就已经在我们的心里埋下了种子，然后就等时机成熟了让它去萌发。我不敢说所有梦想的种子都会绽放出美丽的花朵，但是，我本人却足够幸运，而这'幸运'也来自我破釜沉舟的勇气。"

生命中，我们总会遇到这样一些人，他们渴望鲜花盛开却不去种花，期盼快乐却终日郁郁寡欢。当有人关怀他们的时候，他们又会说："我的生活是乏味的，我的灵魂是枯萎的。"

其实，哪里是你的灵魂枯萎，只是你并没有看到自己的精彩：

1. 被外物蒙蔽了眼睛，所以迷失了自我。

2. 不敢勇敢地选择自己的所爱，于是只能羡慕他人拥有的。

3. 对未来患得患失，站在岔路口不知所往。

在北京一条胡同深处的角落，有一家小店，由于店面不大，你一眼就能看到后厨给你煮面、盛汤的情景。

店主是 90 后姑娘李希，问及她开此店的原因，她说："城市很大，人们生活忙碌、内心孤独，而我想为每一位孤独者提供能治愈心灵的食物。"

并不是每个人的身边都有可以一起吃饭的朋友，也不是每一个人都愿意和别人一起吃饭。于是，一个人吃饭的时候仿佛是一位旅途中的孤独者。而食物拥有超乎想象的治愈力，李希希望这个小店能够给孤独者以温暖，治愈他们的孤独。

李希经济学专业毕业后，一门心思扎进了厨房。妈妈以女孩子自己创业辛苦，且做餐饮不如找个体面工作等为由，多次劝说李希无效后，罢手不管了。

李希偶尔也会做一些甜品，其中以芝士类最多。她做的甜品没有传统芝士甜品的厚实、稠密感，而是一种轻柔、顺滑，同时奶香十足，入口时有种空气的清新之感。

每当有人赞叹她甜品做得鲜美可口时，她总是会眯着眼睛嘻嘻地笑，不说话。

小店开得时间长了，也积攒了不少熟客。但众人纷纷好奇，是什么原因让这位小姑娘留在了厨房。终于，某个午后，有人叫了杯咖啡后坐在店里，问出了大家的疑惑。

李希说："上学的时候看过一部日剧《深夜食堂》，剧中的老板经营着一家深夜开门的小店，每晚都会为南来北往的客人做温暖的食物。客人中有酗酒的母亲、失意的职场人、沉浸爱河的恋人、过气的明星……他们的生活很平淡，没有高峰，也少有低谷。

"那个深夜饭店对于他们而言是一种享受，他们在里面可以不受任何束缚，所以短时间内就会变得随心所欲——不用刻意寒暄，不用刻意寻找话题，只埋头吃属于自己的盛宴就行了。"

总有一种美好让你感动，总有一份精彩让你欢欣。

每个人都有过青春年少的时光，然而忙碌的生活使得我们无暇去思考当年那些触动心房的情景，况且纷杂的事务冲淡了回忆的能力，很多美好在脑海中一闪而过，我们便又投入到忙碌奔波之中了。

可那些年，我们实实在在走过的青春脚印始终会停留在原地，只需吹去落在上面的浮尘，便可完整地激起整个青春年纪里的味道。所以，只要你愿意，每一天都是良辰美景。而你需要做的，只是下面这些：

1. 不要活在别人的眼光里。

2. 学会尊重和感恩。

3. 接受平凡，并努力在平凡中开出不平凡的花来。

4. 培养多种多样的爱好，比如运动、读书、旅行。

每一个人都会发光，只要我们愿意并奋力向前，必然能活出自我的精彩。

我为什么每天都可以过得充实，并从中感受到快乐？因为我不在意别人的眼光，所以生活的落落大方。

我只是我，我只为自己的内心而活。我不可能讨所有人欢喜，世界上也从来没有可以获得所有人褒奖的完美之人。不要在意那些不喜欢你的人，多问一问自己的内心，做回自己，让生活盛开如花。

我们总是在人生路上徘徊，不停地思考：人生的道路究竟应该怎么走？可是，这个问题从来不会有标准答案，只有走过的人才能欣赏到这条路上的鲜花。可惜的是，他们依然无法告诉我们到底应该怎么走。

生活是自己的，别人眼中的繁花似锦在你看来也许纷乱、嘈杂，你喜欢的幽静、恬淡在别人看来也许索然无味。所以，每个人都有自己存在的意义。

只要你愿意，每天都是良辰美景。

3. 伸开手掌，世界还在我们手心

这不是因为你看不清她，而是你掌控不了对她的爱——爱得不自信会伤害自己。不如先相信自己，好好爱自己吧。

毛姆在著作《月亮和六便士》里说："作为坠入情网的人来说，男人同女人的区别是：女人能够整天整夜谈恋爱，而男人却只能有时有响儿地干这种事。"

亮亮几乎第一眼就喜欢上了苗苗，因为她足够漂亮。

在爱情里，女人更需要一些仪式感来确认自己的感受。于是，苗苗等到亮亮带她尝过美食、看过电影、唱过歌、讲了几箩筐的甜言蜜语、说了无数个笑话故意逗她开心后，才真正动心了。

苗苗和亮亮陷入了热恋中，但问题也随之而来。

或许是因为曾遭遇过情伤，所以，苗苗对这一次的爱情患得患失。

或许是因为苗苗过于深爱对方，于是潜藏在心底的强大占有欲和控制欲开始发酵——他的前女友、电话、银行卡，甚至是一举一动，她都想要了如指掌。

可这也是亮亮所反感的。过分密集的相处让他觉得没有个人空间，没有一点人身自由了……于是，他们的生活中出现了越来越多的磕磕碰碰、摔摔打打，矛盾不断升级，苗苗在三更半夜不睡觉也会逼着亮亮问："你爱我吗？"

终于，苗苗越来越不讲理，越来越爱钻牛角尖。亮亮也越来越不耐烦，越来越没真话。事物的发展总是量变引起质变，所以二人只能以分手告终。

苗苗收拾好行李搬家的那天，对亮亮说："如果这一切没有发生该多好！可是爱上了就是爱上了，这是没有回头路可走的。我们总会在爱情里跌跌撞撞，然后才能理解爱情。"

然后，苗苗哭着对亮亮说："其实，从第一天开始我就知道自己这样做是在一点一点地逼你离开我，逼你放弃我们的爱情。

可是，我控制不住自己，你越躲闪、远离，我就越恐惧、自卑，越想逼近你。"

现实中确有这么一类姑娘，她们容颜清丽，从不造作，她们感性至极且阴晴叵测，她们每天生活得异常努力，只是为了将来可以嫁给爱情，可以不必因为面包而放弃爱情。

这类姑娘不太物质，只有真爱才是她们生活里的奢侈品。在爱情里，她们哭闹，不爱惜自己，做尽伤人伤己的蠢事，反反复复只为求证一件事："你爱不爱我？你会不会一直爱我？"

她们的感情世界里稍有风吹草动，就会有大军压境的不良预感。正所谓：风声鹤唳，草木皆兵。

恋爱的过程里，我们最终不是看清了别人，而是看清了自己。作为局外人，其实我一直都同情并理解苗苗的做法——安全感一直是女人稀缺并渴望得到的，可有时爱得过分便会让人觉得窒息。

现实中，我见过一些女性，她们长得漂亮，家境好，工作努力，但不安感却扎扎实实地存在于她们内心。我也见过她们用令人窒息的方法，一点点作死了自己的爱情。而究其原因，则是：缺乏安全感，对爱情不自信。

其实，安全感只能向自己要——真正的安全感来自一个地方，那就是我们的内心。

依附别人索要安全感，一定会活得患得患失。安全感本不应该外求，应该尽量自给自足——努力赚钱、爱惜身体、保养面容、提升修养与能力……等你有底气了，就不怕失去了，因为你随时可以选择从头开始。

不自信的姑娘，即便对方已经反复暗示了很多次，她们还是不敢轻易相信爱情真的来了。她们小心翼翼地保护着自己，几乎永远不会主动出击，即便对方明确表白了，她们也会斟酌再三，确定对方是否在开玩笑。

这种姑娘，哪怕对方捧着心来到她眼前，她依然会怀疑。于是，她会用尽各种办法去验证，然后告诉自己这份爱情迟早会失去。终于，她失去了自己的爱情，却还要告诉自己，她的判断没有出错。

别人跟你说："爱一个人不要太满。"你不以为然，说爱一个人就要满分。于是，你对他毫无保留地付出一切，生活的重点都是他——你每次放弃朋友聚会只为跟他约会，凡事以他为先，到后来朋友都不再约你。你小心翼翼地观察他的每个生活细节，将你所有的注意力都放在了他身上。

然后，你患得患失，怪他为什么不及时回你信息，为什么今晚回家这么晚……最后，他说他受不了这样的你，说你逼得他喘不过气来。他说，他不要一个每天都盯着他的女朋友，不要一个没有自己的生活圈子，天天管他这个那个的女朋友。

你哭着抱怨说，你只是太爱他。但你不知道，爱一个人爱得太满也是错，因为有一种爱叫过犹不及。

叔本华说："男人只会变老，不会成熟。"女孩子一定不要把胡闹当作爱情，要知道，爱得深、爱得痴，都不如爱得刚刚好。

今天是 12 月 18 日，杨云要嫁人了，但新郎并不是她期盼了很久的张科——他们彼此携手熬过了七年之痒，却还是没能修成正果，本以为是天造地设的一对，却在爱得最深的时候分道扬镳了。

他们彼此认识的时候，都不是在彼此最美好的年华里。张科是电视台里一名普通的摄影师，杨云也只是一位普通的实习编辑，但是，一切都挡不住真爱。

张科一眼就喜欢上了杨云，上班下班都贴心呵护，势必要把她追到手。他们在一起除了彼此陪伴，更是相互鼓励、扶持。相爱八年，他们彼此都变成了最好的自己，却还是分手了。

婚礼上，披着嫁衣的杨云站在花廊尽头，温柔地看着缓缓走来即将携手一生的人。也许，她最爱的人依然是张科，但有些爱情注定不能走到最后。

婚礼这天，张科并没有来。他调侃说害怕自己一激动，来个现场抢婚。朋友围着他哄闹，我却知道他说的是事实。

再度重逢，杨云说起过往已是云淡风轻，她也终于解释了当初为什么要放弃那段刻骨铭心的爱情的原因。

杨云说："对当时的我们来说，分开才是最好的选择。因为爱得太久，爱得太深，于是习惯变成了理所当然，包容变成了纵容——爱最终伤了他，也伤了我自己，所以只能放手。"

在这场感情里，他们都爱得失去了自我，都想要把对方抓得更紧。他们曾以为爱一个人就是要倾尽所有，可是到头来所有已倾尽，只剩自己一个人。

杨云说，那场爱情是她生命中最美的事，但她从那以后也学会了怎样更好地爱一个人。

在爱情中，越在乎对方的人往往是爱得越多的人。或许你还不知道自己有多在乎对方，这不是因为你看不清他，而是你掌控不了对他的爱——爱得不自信会伤害自己。所以，先相信自己，好好爱自己吧。

人的一生也许总得遇见这样两个人，一个惊艳了时光，一个温柔了岁月。于是乎，才懂得了如下的道理：

1. 凡事不要想得太复杂，想多了头疼，想通了心疼。手不要握得太紧，东西会碎，手会疼。

2. 不要怪自己太重感情，你只是还没理解真正的爱情，才会爱得那么疼。

3. 爱如手中沙，手掌张开，沙子犹在；握紧后，沙子会从指缝中溜走。

有时候你把什么放下了，不是因为突然就舍得了，而是因为任性够了，成熟多了，也就知道这一页该翻过去了。

生活中有些爱情，因为我们太过在乎，于是双手紧握，却在不知不觉中失去了。那还不如摊开手掌心，把爱情留在身边。要知道，世间最难的修行都在亲密关系里，与其紧握，不如放开。

如此，世界仍在你手中。

4. 时间是个贼，当你发现就晚了

时间是个贼，在你还没发觉的时候，就已经偷走了你懵懂的青春。而等我们发现的时候，一切都晚了。

没有谁的回忆总是充满快乐的，酸甜苦辣，总是会在某个时间段遇到，人生就是这样多变。

错过了这班车，还可以等下一趟，但有些人和事一旦错过了，就再也不可能挽回了。一场考试失败了只是丢了分数，人生路走错了往往会害了自己。

时间总是匆匆流逝，曾经的我们也许有很多遗憾的事情想要弥补，但是，曾经回不去。时间就像一个贼，偷走了我们的曾经，也偷走了我们追逐未来的诸多可能。

埼玉失眠严重，躺在床上久久不能入睡。他说自己心里有许多放不下的人和事，有诸多牵挂。

几天前，埼玉在街上偶遇初中时喜欢过的一个女孩。

那时长发飘飘、阳光爽朗的姑娘，现今穿一身白色衬衫裙，化着淡妆，举手投足间彰显着成熟、大方的气质。但是，看到姑娘身边站着一位牵着她手的男孩，埼玉的心瞬间被失落感笼罩了。

埼玉曾经熟记她全部的兴趣爱好，熬夜趴在被窝里为她写过几十封千字长信，却没敢送出一封，也没敢主动跟她说过一句话。甚至，直到多年后再度重逢，姑娘也不知道埼玉曾经那么喜欢她，默默地关注了她整整三年。

埼玉一直觉得时间还很长，他给自己制定了超远景的人生规划图。在那张规划图里，他计划着事业有成后向姑娘求婚。

埼玉一直马不停蹄地努力着，是为了早日取得成功，也是为了更快地以更完美的姿态站在姑娘身边。

埼玉规划了一切，却忘了计量时间的流速——时间不等人，人更追不上时间。就在埼玉埋头苦干的时候，姑娘的身边有了别的男孩子。于是，一段感情就这样错过了。

埼玉真希望如果下一次遇见，自己能勇敢一下，再做一次努力。可是，时间不会停留，只会向前。

青春时代里，我们确实有一些遗憾，那会成为挥之不去的记忆，在我们的脑海里周而复始地出现，每个人都不例外。

我们永远不可能知道幸福和意外哪一个先来，一切都像是跟时间押的赌注。你有没有发现，当我们遇见坎坷时，总会情不自禁地后悔和埋怨过去自己没能认真把握住机会。这一切只因为：

1. 曾经的我们还有无数选择的机会，结果也会有无数种可能。

2. 知道时间回不去，于是觉得得不到的才最珍贵。

3. 过去之所以美好，是因为那时的我们还很年轻。

所以，不要在该前进的时候犹豫，在该执着的时候放弃，在该勇敢的时候彷徨……带着我们无限的美好，好好生活吧，不要等某天幡然醒悟时，才发觉时间和机会都已经悄悄溜走了。

我们怀念的不过是那些没发生的结果。因为永远不会发生，于是神秘感愈加浓烈，好奇也牵扯着我们的神经。但是，时光就是这样，我们在这一刻怀念曾经，在未来也会怀念这一刻。

我们会在生活中遇见新朋友，也会失去那些曾经的老朋友。曾经说要一辈子珍惜的人，走着走着就散了，这就是成长的代价。

人这一辈子就是这样，在我们的生命旅途中，你以为很重要的那几个人，总有人会把你抛在半路上，从他的记忆中剔除。同样地，我们也会把别人的片段有意无意地在自己的脑海中就那么剪掉，这也会令别人心伤。

当我们想起过往的青春岁月，想起那些曾经出现在我们生命中的他们——那些人的名字、模样我们甚至都忘了。但那些令我们心动的充满善意、关切和理解的眼神，却始终烙印般的留在我们的心底。

我一直都愿意生活在老地方，比如有些年代或者有些往事的小镇，去那里邂逅一些纯真而善良的人，听一听他们的故事。

那些被时光的荒漠湮没的往事，被岁月的双手偷走的感情，跨越了时空，重新来到我们身边的时候，总是透着许多温暖。

很小的时候，我住在乡下外婆家里。青石板街上生着滑腻的苔藓，我在前边跑，外婆佝偻着身体，拄着拐棍跟在我后边，笑呵呵地嘱咐我跑慢点。

外婆中年丧夫，唯一的女儿远嫁，晚年只有我这个不懂事的外孙女陪着她。

下雨天，我总爱搬一把椅子坐在门口，数门前的水坑。看见背着书包放学归来的小学生，我一脸羡慕地问外婆："我什么时候可以长大？是不是等雨停了，树枝上发了新芽，小鸟也回来的时候，我就长大了？"

外婆总会笑眯眯地看着我，点点头说："是呀，等鸟儿回来了，我家囡囡也就长大了。"

那时候，我总感觉时光太长、太慢，但时间却在我不注意的时候，一点一点地偷走了外婆的健康。时间告诉我，有些生命已经结束。

白岩松说："人们声称的最美好的岁月其实都是最痛苦的，只是事后回忆起来的时候才（感觉）那么幸福。"

可能是因为在时间流逝之后伴随我们的只有回忆，于是我开始后悔了——后悔当初没有好好地跟他们在一起疯玩，好好地挥霍青春。那时候，我觉得世上最不值钱的就是时间。所以，我任性、张狂，不懂珍惜，于是我的青春留下一片空白。

难道是我当初没有足够的勇气吗？然而，谁在过去没有遗憾呢。长大了，我们总得明白这几点：

1. 诚实地面对现实，追求你想要的生活。

2. 青春浪费不起，要尽早明确规划自己想要走的路。

3. 找到自己的优势，并把它发挥到极致。

4. 靠别人，不如靠自己。

5. 时间是你最大的资产。

6. 享受独处是成熟的标志。

身边有太多的人在不停地抱怨时间不够用，想要做的事情太多，而来不及做的事情更多。大家都在调侃，等做完这个单子就休息，完成那个项目就去度假……但事实上，他们依然在熬夜加班，或拖着病体跑业务。

他们清楚地知道自己已经失去了什么，什么会即将失去，但他们更知道自己在渴望什么，未来将获得什么。于是，他们一路奔跑，只为在未来不会因今天的不作为而后悔，不会因今天犹豫寡断而造成明天的遗憾。

时间是个贼，在你还没发觉的时候，就已经偷走了你懵懂的青春。而等我们发现的时候，一切都晚了。

5. 请记住，真实的自己没法伪装

展现真实的自我，爱自己喜欢的人，做自己喜欢的事，以自己喜欢的方式过一生，就是完美的人生。

有一种观点说，人一生中为什么要谈很多次恋爱，那是因为绝大多数人在面对喜欢的人时都会竭力将自己的缺点隐藏，并努力将自己伪装成一个完美的人。

可是时间久了，那自然就会露馅儿，于是落差增大，对方改变看法，最终导致分手——如果两人在相遇的最初就能真诚一点，结局将会不同。

小牧和他的遇见过程就像是一场电影中的情节。

在异国他乡小镇的街道上，漫天飞舞着樱花花瓣，小牧一眼就看到了在街道旁木椅上坐着的他。

他穿着一身名牌休闲服，靠着木椅闲适地坐着，似乎快要睡着了。也许是感觉到了小牧的目光，两人对视一眼后，他微笑着跟她打招呼。

后来，两人的接触逐渐多了起来。

他是高富帅，小牧却不是白富美，因为她没有倾城倾国的容颜，没有显赫的家世。当他带着小牧走进她没经历过的世界——华灯初上，在法式西餐厅，听着浪漫的音乐，吃着美味的西餐，这一切仿佛梦中的模样。

小牧不愿意委屈自己，虽然她说爱情是精神上的门当户对，而不是物质上的。

在近乎变态的自尊心的驱使下，小牧给自己塑造了一个高贵的身份。她用表面的骄傲来掩饰内心的自卑，时常虚张声势，只因为害怕谎言被揭穿。

她从来不知道自己伪装出来的高贵，在真正的高贵面前会显得多么可笑。

几天前，小牧生病了。但是，她因为担心他过多地介入自己的生活后会揭穿自己的谎言，只能一个人坐着公交车到附近的医院就诊。她独自一人坐在拥挤的走廊里输液，一种悲凉的感觉突然涌上心头。

小牧环顾四周，看见左边坐着一个输液的病人，那人正在和身边的朋友聊天，说说笑笑；右边坐着一个即将要打针的小孩子，他的父亲正在安慰他，母亲则默默地抱着他；对面有一对小情侣在低头说着什么，正在输液的那个姑娘时不时点头微笑……

只有小牧的身边，连一个陪伴的人都没有，冷冷清清的。她第一次感觉到那么无助，那一刻，她多希望身边能有一个可以陪自己说话，关心自己的人，哪怕对方不用嘘寒问暖，一句话也不说，只是静静地陪着自己，也可以慰藉自己的内心，给自己带来温暖。

平日的生活里，我们或多或少都会伪装，掩藏自己内心深处真实的想法。但人在最脆弱时的想法，往往是内心最真实的感受。

那一刻，小牧开始反思：真的有必要用伪装来换取一场爱情吗？她假装自己兴致高雅、生活高端，和那些凡人不一样，但实际上，自己再普通不过了。那些谎言掩盖下的富丽堂皇的表面，一旦揭开，就会露出破烂的里子。

用谎言去争取一段爱情，即便得到了，终究也会失去，因为：

1. 没有一种爱情的名字叫伪装。没有一种爱情会通过伪装而得来，更别提用伪装留住它了，那是痴心妄想。

2. 爱情是最没道理的，它不是数学题，不会因为两人价值对等就圆满。它需要两人情投意合，共同努力、坚持。

3. 爱情从来不是完美的，但在爱情里，我们都觉得自己不够好，不够优秀，所以才会伪装，营造一种完美无瑕的假象。

但是，我们知道，在长期相处的过程中，再完美的伪装也有露出破绽的一天。所以，与其痛苦地伪装，最后惨烈分手，倒不如一开始就坦诚相待，展现最真实的自己。

小牧问我："周姐，你希望在爱情里遇见什么样的人？"

我深思了一会儿，说："我渴望在爱情里遇见这样一个人：在他面前，我可以肆意地笑，也可以肆意地哭；可以高兴时撒娇，生气时耍泼；可以和他争吵，并在争吵后耐心等待他来哄……他清楚我所有的缺点，知道我的逞强和示弱，然后还会用温暖、细腻的爱来包容我。即使他身边美女如云，但他只爱最真实的我。"

爱情如此，职场也一样。

刚刚应聘到一家上市公司技术部的小杜，在部门里与新同事总有些格格不入。他永远是西服革履的打扮，还专门研究了各种工作礼仪以及职场沟通技巧，努力将自己表现得像一名老职员。

因为害怕被别人评说和猜测，小杜用伪装掩藏了真实的自己。时间久了，小杜和同事之间的沟通越来越少，其实他们也不喜欢不真诚的小杜，都排挤他。

最终，小杜选择了辞职。

人的外表可以伪装，但内心是伪装不了的。所以，人还是要依心而行，做最真实的自己。要知道，每座山都有自己的高度，每条河都有自己的流速，每个人也都有自己的长处和短处。

天空有天空的辽阔，大海有大海的壮观，风有风的自由，而你有最真实的模样。在生活中，每个人都要尽量做真实的自己，这样，你和别人的友情才会稳固，才能建立长期的人际关系。

真正的爱情是对方接受真实的你，真正的友谊是彼此了解最真实的对方，有了稳固的感情基础和对彼此的了解，才能获得幸福美好的人生。

做真实的自己，才能交往到真实的人。而做真实的自己，我们需要了解以下几个方面：

1. 寻找真实的自己。真正的情谊，是当对方接受真实的你的时候，你表现得自在，而对方又喜欢那样自在的你。任何虚假的、做作的伪装，最后都会导致一段情谊被破坏。

2. 敢做真实的自己。为了对方而改变自己通常都是徒劳无功的，并且最后往往伤害的只有自己。只有明白了对方喜欢的是原本真实的你，才能与对方建立稳固的关系。

3. 超越真实的自己。当自己真实的时候，跟别人互动也能轻松自在，特别是跟亲密的另一半。能清楚地看到并且尊重自己与对方存在的差异，接纳了对方，这说明你已经超越真实的自己，理解了这个世界。正所谓：求同存异。

生命是一次旅程，总得有人做伴才能不孤独。幸运的是，我们最终会遇见这样一个人，他一定和你一样真实、善良，一样有责任感，并且懂得包容。

人生有时会很累，就看你如何品味它。

淡泊名利，淡看得失，保持积极而平衡的心态，有所求而有所不求，有所为而有所不为，不刻意掩饰自己，不刻意逢迎他人——能够做到这样，就是简单而真实的自己。

展现真实的自我，爱自己喜欢的人，做自己喜欢的事，以自己喜欢的方式过一生，就是完美的人生。

6. 努力后的命运，上天自有安排

生活不会因为某个节点而变得与众不同，未来的幸运，都是过去付出努力的结果。

每个人都有自己想要过的生活，如果你已经倾尽努力，那么请相信，你想要的命运都会给你。

很多人日复一日地做着单调重复的工作，生活平淡无奇、毫无新意，似乎只是在浪费时间、生命。于是，我们常常想要去改变，但总是犹豫着不敢做选择。我们也常常自问，这样的生活自己还能忍受多久？

我刚刚来北京的时候，借住在大学室友那里。我已经记不清那间出租屋的具体位置，只记得那个房间被她收拾得很温馨。

和朋友住在一起的那几天，我时刻惊讶于她的改变，甚至常常怀疑她与我记忆中的那个人是否是同一个——记忆中的她，任性、调皮、自我，经常撒娇，时不时旷课，偶尔是路痴，做事似乎永远不计小节，不考虑后果，一副无所谓的样子……

我们总说她没心没肺，也常常念叨她让大家不省心。

今天的她虽然也常穿学生装，说话依然调皮，但工作能做得有条不紊，能在偌大的北京城给我当导游，身上明显露出一种成熟的风范。

那一刻，她在我眼中是带着光环的，因为我发现她懂得了责任，也懂得了享受，再也不是那个什么都不懂、不管的小姑娘了。

我在想，这几个月里到底发生了什么，会让一个人有那么大的改变。

突然，我想起另一个闺密说过的话："以前，我什么都不懂、不会，那是因为什么都不用操心——因为有了依赖，所以可以什么都不懂、不会。可是，当我们需要独自面对生活的时候，就被迫成长了，然后成熟了。"

我听很多人抱怨过，自己也曾抱怨过——抱怨过家人的不理解，抱怨过工作的繁重，也抱怨过同事的不配合。但渐渐地我发现，这一切抱怨是多么的不应该，因为：

1. 我以为自己足够优秀，但其实依然配不上现在的生活。

2. 对未来的热忱逐渐消失，却还抱怨命运不公。

3. 想遇见更出色的自己，只是现在的自己还不够好。

4. 我什么都没有，却什么都想要。

5. 我们首先需要明白什么是命运。

我们常常将那些不能改变的过去和无法掌握的未来叫作命运。那么，可以改变的就是努力，而改变就是用最大的努力做最好的自己。

我始终没有放弃过努力，因为自己平凡得不能再平凡。我要让自己变得更好，过上自己想要的生活，就得把努力当回事。

学习摄影以来，我认识了很多摄影师，鼹鼠就是其中一位。我觉得她的作品构图新颖、色彩饱和度高，而且她还是个个性很鲜明的姑娘。

我在她的摄影群里待了一段时间，常常看她发到群里的照片，也私下有过几次交往。前段时间，她到了孕晚期，但还是坚持每天发一些照片，并且时不时在群里教大家如何使用滤镜，如何后期调光等，然后给大家填单子，寄样片，做后期处理。

孕晚期是怀孕后最累、最难受的时期，那时大多数人每天都只想躺在床上，根本没心思工作。所以，我就由衷地佩服她。

有天早上，她在群里发了一条约样片的信息后就消失了。很多人在后面留言，她一直都没有回。就在那天晚上，她在群里说："不好意思，前面进产房生孩子去了，医生把我手机拿走了！"

那一瞬间，我的震惊无法用语言形容。

生过孩子的女人都知道，产后是女人一生中最虚弱的时刻，不要说让她们工作了，恐怕她们连眼睛都懒得睁开。但是，这个姑娘可以在第一时间回到工作岗位，回复大家的留言——她的敬业已经到了这么高的程度。

从那天开始，鼹鼠对于我来说，就是神一般的存在。而这之后，她也是安排好了所有后续工作才去安心坐月子的。这么拼的姑娘，难道不是世界上最美丽的吗？

也许你会问，为什么要这么拼？

我想，每个努力的姑娘都会这样回答：我们希望被命运温柔相待，希望想要的东西在未来都能得到，希望活成自己喜欢的模样。

我们努力，不是为了别的，只是因为我们相信——努力过后，命运自有安排。人生中没有所谓绝对正确的选择，我们只不过是因为努力奋斗使得当初的选择变成正确的了。

我要让自己变得更好，才配得上过更好的生活。我一直在提醒着自己，我不想停留在原来的位置，我要前进。我相信越努力越幸运，于是也在寻找努力的方向，可这方向没那么容易就找着。

我开始寻找，怎样才能让命运垂青自己呢？有了一番社会经历后，才明白如下几点：

1.努力的前提是，要真正了解自己。

2.努力不是要你一直停留在原来的位置上。

3.努力很重要，但也要接受自己的弱点。

4.努力要植根于内心深处。

做最好的自己，首先就要了解真实的自己。也就是说，一个人首先要承认自己有所欠缺，包括脆弱等缺点。

每一秒钟都是美好的，别再浪费自己的时间了。

或许，将来你也无法成为你想成为的样子，但在当下，请给多点想象吧——肯努力花时间思考的人，一定是谦逊、低调的。不要羡慕别人，你需要做的只是慢一点，再慢一点，多给自己一点时间，去成就更好的自己。

别担心，命运给了你最好的安排。你有软弱，并不代表你差，也不代表你会受伤。一个乐观的人，应该允许自己失败，并且不害怕失败。只是，他坚信一切都会过去。

真正的努力不是让你熬夜通宵加班，一晚上把一周的工作做完；不是让你决定减肥时，强行规定自己一个月得减多少斤……真正的努力源于一个人的内心深处。所以，就是对于那些无法即刻获得回报的事情，他们也依然能够保持十年如一日的热情与专注。

所有的努力都不是给别人看的，而是为了自己内心真正的追求。而这些有价值的努力，也一点一滴地真正到达了他们的内心，变成了他们的能力。

我希望我自己也能做到一边努力着，一边享受着当下的生活。努力不是为了感动自己，也不是为了感动别人，而是要抓住未来——因为我们都是普通人。

生活不会因为某个节点而变得与众不同，未来的幸运都是过去付出努力的结果。我们已经倾尽了努力，剩下的只待命运安排。

7. 有疼痛感的人生才珍贵

人生看不透没关系，重要的是能够看开。毕竟，只有疼痛才是成长中不可缺少的痕迹。

恋爱时最可笑的事情就是，你可以因为他的一个微笑、一句甜言蜜语，陪你去看了一次电影，给了你一个拥抱，跟你说了一句晚安而开心许久。

失恋时，那些曾经让你愉悦的事，也都会像尖锐的刺，刺痛你的心。于是，曾经的甜蜜，变成现在的痛不欲生。

刷朋友圈的时候，不经意看到了子轩的一条信息，她在朋友圈里写道："你会难过，只因为世界对你总是恶意满满。"

子轩是我的表妹，印象中，她是个单纯、活泼的姑娘。所以，我看到她写了这样的话，很是吃惊。一番询问，才知道她是受了情伤，因为即将和她谈婚论嫁的男朋友，最终娶了门当户对的大家闺秀。

我对子轩说："把你们的那些'曾经'都删了吧，人生的路还很长。"

子轩紧皱着眉头，说："我们在一起三年了，我不甘心！现在，我什么都没有了，心里空荡荡的，不敢想念，却还止不住地疼。"

我说："生活总是这样，你以为得不到的，它正在来的路上；你以为得到的，它正在失去的路上。人生总有些无奈的疼痛。"

其实，爱情没有说的那么残酷，当然也不那么美好。如果你总是沦陷于被伤害的疼痛中无法自拔，你也就看不到被保护的温暖了。

这就好像，你曾经因为不小心被橱窗磕破了头，疼过之后需要注意的是，下一次要细心和谨慎。要知道，当你的人生渐入佳境时，过往的疼痛就会烟消云散。

人生一定会经历疼痛，总是扯着过去不放，沉湎于疼痛能说明什么呢？除了说明你今日依然不如往昔，还说明你未来会小肚鸡肠。

所以，你要知道造成你现在的问题的原因在哪里：

1. 只有当下不幸福的人，才会对曾经念念不忘。

2. 你一遍遍诉说的疼痛，绝大多数是你可以避开的。

3. 过多的疼痛麻痹了你对幸福的敏感度。

4. 对过去的错误不包容，疼痛始终离不开你的生活。

谁的青春没遗憾？回忆也有荒芜的一天，只要曾经在场就好。

人生，看不透没关系，重要的是能看开。当你往后站得远一些，以更广阔的的视角看过往的人生时，你会发现，从前和以后要遇见的人很多，总得经历几次疼痛才能更成熟一些。毕竟，只有疼痛才是成长中不可缺少的因素。

在古巴旅游的时候，恰逢一位摄影师追踪拍摄古巴街头的芭蕾舞者。没有舞台，没有音乐，没有灯光，脱去精致的演出服，洗掉艳丽的妆容，她们在街道上翩翩起舞。

后来，我在微博上加了那几位专业舞蹈者，艾伦就是其中一位。她在微博里晒了无数张参加各种比赛的照片，大大小小的奖杯摆满了书架。而她置顶的一条微博是："你只看到了我台上的华丽，却想不到我在台下的疼痛。"

我就私信她："舞蹈不是一件让人心情愉悦的事吗？我能用镜头留下你们疼痛的瞬间吗？"她回复我："我在跳舞的时候，心是幸福的，但身体是疼痛的。这种疼痛不是瞬间的，而是如一条线贯穿了生命的每时每刻。"

再后来，我在排练室见到了艾伦，她不厌其烦地重复做着抬腿、开肩等动作。我知道，学习舞蹈是一个很枯燥的过程，而她从五岁就开始学舞蹈了，刚接触时学的是这些动作，14 年过去了，她依然在练习这些动作。

每一个舞蹈动作的背后，都是肌肉撕裂般的疼痛，而每一位舞者都承受着常年训练带来的伤痛与肢体的变形。但她们也是幸福的，因为内心的愉悦，也因为观众的掌声——那是对自我执着精神的喝彩。

多少次的疼痛、多少年的汗水，都抵不上舞台上短短几分钟的华丽。想跳好舞，先要学会适应疼痛和枯燥。

人生首先是疼痛的，然后才是快乐的。我们总要不断努力，最后才能成功。

生活中类似的例子还有很多，比如，想减肥成功，就一定要忍受锻炼的辛苦和抵抗美食的诱惑；想成为绘画大师，就一定要做好被颜料填充生活的准备；想唱触动人心的歌曲，就一定要有练声到喉咙沙哑的磨炼。

站在光鲜亮丽的舞台上，你能得到的掌声永远是那么短暂，但你在台下的一次次练习、一次次摔倒，以及那些身心上的疼痛，只有自己知道。

其实，人生就是不断经历疼痛再到幸福的过程。在疼痛中吸取经验，再锲而不舍地坚持下去，最终会有所收获。

人生之旅最惨的结局是，你可能快到终点了，却还不敢尝试去做任何可能带给你疼痛的事。

你拒绝了疼痛，也就拒绝了精彩。如果你还在疼痛中，也可以试着这样做：

1.学会对每一个人微笑，包括路人。遇到同学主动打招呼，问他周末过得如何。学会做饭——我曾经因为会包饺子被不少外国朋友邀请去他们家教他们，那是我孤独岁月里的温暖记忆。

2.看一些时尚杂志。学会搭配衣服，让生活多一些色彩。

3.培养自己的兴趣爱好。喜欢摄影，那就去拍照吧；喜欢看电影，那就找人一起去看吧；喜欢健身，那就加入健身俱乐部吧……

4.可以去旅行。爬山、露营、野餐，这些都是转移注意力的好方法。

我曾经为了练习口语，在国外兼职过导游，为商业咨询公司做过英文调查，为某个字幕组做过英文翻译，做过联合国在线志愿者……当时因为孤身一人漂泊异国他乡而感觉到落寞甚至疼痛，现在回想起来，竟有一种温暖的味道。

莫泊桑说："生活不可能像你想象的那么好，但也不会像你想象的那么糟。我觉得人的脆弱和坚强都超乎自己的想象——有时，我可能脆弱得一句话就泪流满面；有时，也发现自己咬着牙走了很长的路。"

人生没有多余的疼痛，所有你经历的疼痛，到最后都会变成你的财富。